Gladis Yera

Hidrogeoquímica de la cuenca Costera Sur de Camagüey, Cuba

Gladis Yera

Hidrogeoquímica de la cuenca Costera Sur de Camagüey, Cuba

Evaluación y pronósticos del proceso de intrusión salina en acuíferos cársicos costeros

PUBLICIA

Imprint

Cover image: www.ingimage.com

Publisher:
PUBLICIA
is a trademark of
International Book Market Service Ltd., member of OmniScriptum Publishing Group
17 Meldrum Street, Beau Bassin 71504, Mauritius

Printed at: see last page
ISBN: 978-620-2-43022-7

Zugl. / Aprobado por: La Habana, Instituto Superior Politécnico "José Antonio Echeverría", 2012.

DEDICATORIA

A mi hija y a mi madre.

AGRADECIMIENTOS

A mis tutores que me han enseñado e inspirado, al Instituto Nacional de Recursos Hidráulicos, la Universidad de Camagüey, el Instituto Superior Minero Metalúrgico de Moa, el Centro Meteorológico de Camagüey, el Instituto Superior Politécnico "José Antonio Echeverría", por su apoyo incondicional.

ÍNDICE

INTRODUCCIÓN

El agua constituye el líquido más abundante de la tierra, es el recurso natural más importante y la base de toda forma de vida, constituye el componente inorgánico más profuso en los seres vivos, en el caso de los seres humanos constituye el 85% del peso corporal en los niños y el 60% en las personas adultas.

El agua subterránea ocupa un lugar significativo no solo por su naturaleza, sino por su aprovechamiento e importancia para las distintas ramas de la economía; es una de las formas más activas y trascendentales de la materia geológica e influye en los procesos geológicos que ocurren en la corteza terrestre.

El uso del agua subterránea, en muchos casos, es más recomendable (respecto al agua superficial) debido a sus características de calidad, la agilidad y los bajos costos económicos en la construcción de las obras de captación. Alrededor de 1 500 millones de personas en el mundo cuentan con el agua subterránea como fuente principal de agua dulce, sin embargo, en muchas regiones esta fuente de abasto se encuentra amenazada por la sobreexplotación y la contaminación.

El agua subterránea es explotada en formaciones geológicas denominadas acuíferos, caracterizados por poseer propiedades adecuadas de permeabilidad, almacenaje y transmisión, además de garantizar su factibilidad desde el punto de vista económico.

El fenómeno de intrusión salina, que afecta a los acuíferos cársicos abiertos al mar, es el proceso de mezcla del agua dulce con el agua proveniente del mar, que difieren notablemente en su composición química, lo que provoca el deterioro de la calidad del agua dulce.

Los acuíferos cársicos litorales generalmente se encuentran en estado libre, en relación hidráulica con el mar, donde se establece un equilibrio dinámico entre el agua dulce que drena al mar a través de los conductos cársicos y el agua marina que penetra en el acuífero por los mismos conductos, con mayor intensidad en los períodos secos, cuando ocurre la mayor explotación del acuífero para el abasto a la población o la agricultura, dado que la presión hidrostática se deprime. En el período lluvioso, cuando es menor la explotación, la presión hidrostática es mayor y se limita la entrada de agua marina (Fagundo et al., 1996a).

La alteración de las condiciones físico-químicas y biológicas tiene incidencia en el equilibrio de los distintos ecosistemas, lo que provoca en algunos casos cambios perdurables o impactos. La sensibilidad a impactos naturales o antropogénicos de los sistemas se conoce como vulnerabilidad, esta es una propiedad intrínseca del medio que depende de sus características hidrogeológicas y de los suelos que le sobreyacen.

En los momentos actuales las sociedades comienzan a tomar conciencia del perjuicio que el hombre ocasiona a su medio natural e incorporan conceptos tales como sobreexplotación y depredación de los recursos naturales, relacionados con la necesidad de restaurar el equilibrio en los distintos ecosistemas.

La explotación de determinado volumen de agua subterránea está condicionada por sus características de calidad y el uso a que está destinada, dentro de los requisitos indispensables está el cumplimiento de las condiciones hidrogeoquímicas establecidas.

La hidrogeoquímica es la compilación de varias ciencias, tales como la Química del Agua y la Hidrogeología, concierne al estudio de los procesos y reacciones químicas que afectan la distribución y circulación de las especies disueltas en el agua natural, combinada con la Geología y la Biología, debido a que durante el ciclo hidrológico el agua interactúa directamente con la biosfera (Carrillo, 2002); es la parte de la geoquímica que estudia las características físico-químicas del agua superficial y subterránea, su evolución, los procesos químicos que dictan los intercambios entre el agua, el suelo y el subsuelo, analiza los iones disueltos en el agua y los procesos de interacción agua-roca y su relación con la geología regional (González, 2003a).

Las características hidrogeoquímicas de los acuíferos costeros están influenciadas por las propiedades físicas del medio, los factores de alimentación (fundamentalmente asociado al régimen de lluvias) y la explotación a que están sometidas sus reservas. El inconveniente del uso del agua subterránea radica en la mala utilización de la misma en forma de sobrebombeo, contaminación, intrusión salina y conexión de acuíferos de características hidroquímicas distintas (González, 2003a).

El potencial hídrico de Cuba es del orden de 38,1 km^3, de ellos 24,3 km^3 son recursos explotables y 13,8 km^3 recursos disponibles. El agua subterránea representa el 31 % del volumen total del agua que se consume anualmente para satisfacer las necesidades de la actividad económica y social. El territorio cubano está constituido en más del 65 % por un medio geológico cársico, que contiene aproximadamente el 85 % de los recursos totales de agua subterránea (Molerio, 2002a), gran parte de estos recursos se encuentran afectados por los procesos de intrusión salina o en peligro de estarlo.

En Camagüey, aproximadamente el 20% del volumen de agua cuantificada para el riego, el consumo agroindustrial y el abastecimiento a la población es aportada por los acuíferos cársicos costeros, los cuales brindan facilidad en su captación; la cuenca Costera Sur, la más importante por su extensión y magnitud de recursos, aporta el 82% del volumen total de agua subterránea extraída en la provincia.

En la cuenca Costera Sur de Camagüey se ha producido un sensible deterioro de la calidad del agua subterránea como resultado de malas prácticas agrícolas, sobreexplotación, malos diseños de las obras de captación y la ocurrencia de períodos secos prolongados, todo esto aparejado a que no han sido utilizados adecuados métodos de caracterización hidrogeoquímica.

Las investigaciones hidrogeoquímicas en la Cuenca se han limitado al monitoreo sistemático de las características de calidad del agua subterránea y al desarrollo de algunas tareas técnicas, con el objetivo de garantizar abastos locales; sin que se haya logrado un conocimiento hidrogeoquímico integrado de la Cuenca y el fenómeno de intrusión salina que la afecta, que permita diagnosticar la situación actual, pronosticar variaciones y trazar políticas sostenibles de explotación de sus recursos.

El **Problema científico** que aborda esta investigación es el insuficiente conocimiento de los procesos hidrogeoquímicos que ocurren en la cuenca Costera Sur de Camagüey, afectada por la intrusión marina.

El **Objeto de estudio** de la investigación son los procesos hidrogeoquímicos que ocurren en el agua subterránea de la cuenca Costera Sur de Camagüey.

La **Hipótesis general** plantea que: el estudio hidrogeoquímico de las cuencas cársicas costeras, afectadas por los procesos de intrusión salina, permite una mejor comprensión de los procesos que determinan la composición química del agua subterránea y sus características de calidad, lo que posibilitaría el uso sostenible de este recurso.

La **Hipótesis específica** a contrastar en la presente investigación puede ser enunciada de la siguiente forma: con la elaboración de bases de datos de composición química del agua subterránea y la aplicación de técnicas avanzadas de procesamiento de información (estadística, Sistema de Información Geográfica, modelación hidrogeoquímica inversa) puede caracterizarse la evolución hidrogeoquímica del agua subterránea en cuenca Costera Sur de Camagüey y el proceso de intrusión salina que la afecta, en determinado período de tiempo.

El **Objetivo general** de la investigación es caracterizar la hidrogeoquímica en la cuenca Costera Sur de Camagüey, afectada por los procesos de intrusión salina.

Objetivos específicos.

- Caracterizar el proceso de evolución hidrogeoquímica en el espacio y el tiempo.
- Caracterizar la situación actual del proceso de intrusión salina y su perspectiva de evolución.

Para cumplir estos objetivos se desarrollan las siguientes **Tareas científicas**.

- Revisión bibliográfica.

- Elaboración de una metodología para el estudio hidrogeoquímico de la cuenca Costera Sur de Camagüey.
- Caracterización espacio-temporal de las variables hidrogeoquímicas, a partir de técnicas estadísticas y la elaboración e interpretación de mapas, perfiles y gráficos.
- Determinación de las relaciones de asociación entre variables y objetos y su interpretación, a través de diferentes modelos matemáticos, a partir de la matriz observacional que tenga en cuenta variables hidrogeoquímicas.
- Modelación hidrogeoquímica inversa.

Aporte científico y práctico

Como uno de los principales aportes de esta tesis se destaca la metodología establecida durante la investigación, en la que proponen modificaciones en la aplicación y adecuación de los procedimientos de procesamiento de la información, propia para el estudio hidrogeoquímico de los acuíferos afectados por los procesos de intrusión salina, a partir de la metodología general para el análisis de los datos obtenidos en la actividad de monitoreo del agua subterránea propuesta por Houlihan y Botek (2007).

Se lleva a cabo, por primera vez, un estudio hidrogeoquímico detallado de la cuenca Costera Sur de la provincia de Camagüey, a partir de la aplicación de la metodología establecida, mediante el empleo de los resultados del monitoreo del agua subterránea que por más de 27 años ha realizado el Instituto Nacional de Recursos Hidráulicos en el área, con el uso de distintas técnicas estadísticas, los Sistemas de Información Geográfica, los índices hidrogeoquímicos, la clasificación del agua y la modelación hidrogeoquímica inversa, por lo que se logra la elevación del conocimiento de la Cuenca.

Se logra integrar el conocimiento de las características hidrogeoquímicas de la cuenca Costera Sur de la provincia de Camagüey.

A través del estudio de la variación espacio-temporal de los macroconstituyentes y de las características de potabilidad del agua, con el empleo de técnicas estadísticas, a través de software especializado de probada eficacia, se logra establecer las regularidades dentro de las subcuencas.

Como resultado de esta investigación se cuenta hoy con la base de datos digitalizada y los mapas hidrogeoquímicos (en Sistema de Información Geográfica) de la Cuenca, de gran utilidad para los usuarios del agua subterránea a la hora de tomar decisiones sobre el manejo de los recursos.

Por último, la tesis ofrece bases científicas para predecir las variaciones de las características de calidad del agua subterránea en los acuíferos cársicos costeros afectados por la intrusión marina, lo que permite el desarrollo de adecuadas políticas de manejo y control de los recursos hídricos subterráneos, que garanticen el abasto a la población y la economía.

I. MARCO TEÓRICO CONCEPTUAL DE INVESTIGACIÓN

En el presente capítulo se examinan, de forma resumida, los principios básicos de la química-física del agua en acuíferos cársicos y los procesos asociados al fenómeno de intrusión salina, así como el estado actual de la aplicación de la hidrogeoquímica en el estudio de la intrusión marina en el mundo y en Cuba.

1.1. Base teórica de la investigación

El proceso de intrusión salina es una de las principales problemáticas hidrogeológicas que afecta a la civilización humana, particularmente en Cuba presenta alta incidencia, debido a que gran número de sus acuíferos están constituidos por rocas carbonatadas carsificadas, en relación hidráulica con el mar.

Las regiones cársicas presentan rocas con altos contenidos de minerales carbonatados, muy solubles cuando se dispone en el suelo de suficiente materia orgánica, que al descomponerse libera CO_2 y ácidos húmicos que son arrastrados durante la infiltración y movimiento del agua subterránea. La disolución de los minerales carbonatados se produce mediante complejos procesos químico-físicos (Fagundo et al., 1996a).

1.1.1. Rocas carbonatadas

Las rocas carbonatadas están compuestas generalmente por minerales carbonatados, la calcita $(CaCO_3)$ y la dolomita $(CaMg(CO_3)_2)$ son los más comunes, aunque también existen la aragonita $(CaCO_3)$ y la magnesita $(MgCO_3)$; todos ellos de hábitos variados, aunque con mayor frecuencia hexagonal, prismático y escalenoédrico.

La mayor parte de las calcitas tienen una composición próxima al $CaCO_3$ puro, con CaO de 56$\%$ y CO_2 de 44$\%$, ante la presencia de los ácidos reacciona de forma muy enérgica. La dolomita presenta en su composición 30,4$\%$ de CaO, 21,7$\%$ de MgO, y 47,9$\%$ de CO_2; es un bicarbonato de calcio y magnesio, en la proporción de 1:1, aunque en las variedades masivas esta razón varía con el predominio del $CaCO_3$, es un mineral más pesado y duro que la calcita, ante la presencia de ácidos fríos diluidos reacciona de forma menos enérgica que la calcita; su color varía entre blanco, amarillo, rojizo, pardo, negro, muy pocas veces incoloro.

La clasificación de las rocas carbonatadas, según la proporción de calcita y dolomita (con arcilla entre 0-5$\%$), aparece reflejada en la tabla I.1 (Anexo I); las más distribuidas son las calizas y las dolomías y pueden tener un origen químico, evaporítico, clástico o biógeno. Las rocas de origen biógeno son las más abundantes, ellas se forman en cuencas marinas como resultado de la actividad de los organismos que la habitan.

1.1.2. Agua en el subsuelo

En virtud de la energía solar y la fuerza de gravedad, se sucede en la naturaleza el ciclo ininterrumpido del agua. El agua que cae en forma de precipitación puede seguir cuatro caminos fundamentales: volver a evaporarse, ser absorbida por plantas o animales y volver a la atmósfera por la transpiración, correr por la superficie terrestre y pasar a los cauces de ríos y arroyos (hasta llegar al mar) o infiltrarse en el subsuelo.

El volumen de agua que se infiltra en una zona determinada depende del régimen de alimentación, la potencia y características del suelo, así como del campo de propiedades físicas de las rocas subyacentes; ocupa en el perfil la zona no saturada (donde los intersticios están ocupados por agua y por aire) y la zona saturada (todos los intersticios están ocupados por agua). En la zona saturada se encuentra el agua subterránea propiamente dicha (Pérez-Franco, 2001).

En el estudio de las formaciones acuíferas y su funcionamiento, el investigador se enfrenta, entre otras, a las siguientes problemáticas (Hernández, 2001): es una formación geológica con una geometría bien definida, pero en su mayor parte desconocida; las propiedades hidráulicas de este medio lo caracterizan como no homogéneo y anisótropo; las entradas y salidas de agua del acuífero van a depender de las características de sus fronteras, del estado del acuífero, de factores climáticos, de sus propiedades hidrogeológicas y de las acciones que el hombre realiza sobre él; las condiciones de estado que definen en un momento dado la calidad del agua subterránea y sus niveles van a depender de los factores anteriores.

Los acuíferos cársicos cuentan con áreas de alimentación, almacenamiento, tránsito y descarga. En el área de alimentación o recarga el agua (fundamentalmente de lluvia) fluye en su movimiento hacia el subsuelo bajo un gradiente hidráulico relativamente alto; se asocia a valles aluviales con suelos de alta infiltración, conductos subterráneos de libre circulación, sumideros y otras cavidades. En la zona de almacenamiento el gradiente hidráulico es muy bajo, lo que determina un lento movimiento del agua, en ella se ubican las obras de captación. La zona de descarga permite la salida del agua subterránea del acuífero y se asocia, entre otras, a manantiales, ríos, áreas costeras y el lecho marino.

1.1.3. Circulación del agua en las rocas carbonatadas

La circulación del agua en las rocas carbonatadas, a través de las fisuras, es la causa de un conjunto de complejos fenómenos que se manifiestan en las rocas en los procesos mecánicos de erosión y químicos de disolución.

Procesos mecánicos

La erosión cársica de las rocas carbonatadas depende de las características del movimiento del agua a través de las rocas, los tipos fundamentales de circulación son: agua cautiva y agua libre. En la etapa embrionaria del carso es propio que el agua se halle cautiva y que circule bajo la presión hidrostática, con oquedades completamente llenas de agua, por lo que su movimiento es lento y su acción erosiva es poca; en el carso más antiguo solo actúa la fuerza gravitatoria, las oquedades están parcialmente ocupadas por agua, su movimiento es más rápido y su acción erosiva mayor.

Procesos químicos

Los iones mayoritarios del agua subterránea generalmente son aportados por las rocas por donde esta circula; en el agua natural, debido a que la solubilidad de los minerales carbonatados se incrementa cuando en el agua se presenta determinado contenido de CO_2 y de ácidos orgánicos disueltos, la concentración de Ca^{2+} puede ser hasta alrededor de 100 veces la concentración del agua pura (González, 2003a).

La disolución de los minerales o su precipitación está determinada, en primera instancia, por la ley de acción de masas; regida por los parámetros de temperatura, presión parcial de los gases disueltos, pH, potencial redox, estado de división de las partículas y concentración relativa de otros iones. En el proceso de interacción CO_2-agua-roca carbonatada el agua alcanza el equilibrio químico con respecto a los minerales disponibles en el medio y sus solubilidades, a la temperatura y presión dadas.

El equilibrio químico se rompe cuando se produce en el sistema un cambio de temperatura, presión, adición o escape de CO_2, proporción de materia orgánica, lo que trae consigo la disolución de cantidades adicionales de rocas o la precipitación de nuevas sustancias (Fagundo et al., 1996a).

Como consecuencia de cambios del contenido de CO_2 y de temperatura, el agua del drenaje profundo, al emerger a través de las grietas, es capaz de depositar abundante cantidad de carbonato; por ejemplo, 2t de travertina son depositadas diariamente en el manantial hidrotermal Meskountine, en Argelia (Urbain, 1953).

En la tabla I.2 (Anexo I) se presenta la solubilidad y la concentración en el agua natural de la calcita y la dolomita, donde se destaca que la calcita es más soluble; en los lugares donde ambas coexisten, a temperaturas mayores de $10°C$, se produce la disolución incongruente de la dolomita que da lugar a especies iónicas y moléculas no solubles (Fagundo et al., 1996a).

Como resultado de la disolución incongruente de la dolomita, en Francia, se ha reportado la presencia de grandes acumulaciones de travertina en numerosos manantiales (Nicod, 1986-a, 1986-b), se atribuyó la formación de depósitos de travertina del valle de Argens a factores antrópicos y naturales, estos últimos caracterizados por la acción antagónica del proceso de creación por las algas, por un lado, y por la acción hidromecánica por el otro.

Otro proceso que puede producir precipitación de calcita es el denominado efecto salino o de fuerza iónica (Fagundo et al., 1996a), relacionado con el aumento de la solubilidad de los minerales en agua en presencia de iones no comunes, esto se debe a que, como consecuencia del incremento de la concentración, aumenta la fuerza iónica (μ) y se produce una disminución del coeficiente de actividad.

En los acuíferos cársicos costeros el efecto salino determina el incremento en el agua del contenido de $CaCO_3$ disuelto, por esta razón se ha observado un aumento de la dureza en el agua de consumo captada en acuíferos de las provincias de Pinar del Río, La Habana y Matanzas (sometidos a intensa explotación); lo cual ha inducido el incremento de la intrusión salina y el contenido de cloruro (Fagundo et al., 1999).

En muchas regiones cársicas desarrolladas en yeso el agua adquiere una concentración superior a 2,0 g/L, mientras que en los terrenos cársicos carbonatados, por lo general, una concentración de $CaCO_3$ mayor de 0,35 g/L se debe a la influencia de sulfatos o cloruros (Ford y Williams, 1989).

El agua natural presenta, generalmente, un contenido de SO_4^{2-} que depende del tipo de mineral presente o de fuentes contaminantes. En el agua cársica de fractura en macizos de yeso-anhidrita, Perchokin (1986) reporta concentraciones de $CaSO_4$ que varían entre 0,06 g/L (en las depresiones rellenas con depósitos cársicos) y 2,4 g/L (en la cima de los macizos). Forti (1988) encontró contenidos de SO_4^{2-} entre 37 y 40 meq/L (2,58-2,7 g/L de $CaSO_4$) en el agua de la fuente de Poino, en la provincia de Reggio Emilia, la cual varió la concentración de Cl^- de 51 a 64 meq/L (1,81 a 2,27 g/L) en el año hidrológico 1984; según datos históricos, el contenido de $NaCl$ de esta fuente ha disminuido de 15 g/L en 1862 hasta 3,1 g/L en 1984.

El grado de acidez del agua se determina mediante el pH, que resulta de la ionización de un ácido cualquiera, se define como el logaritmo inverso de la actividad del ión hidrónio (H^+, H_3O), se expresa en unidades de pH y se calcula por la fórmula: $pH = -\log(H^+)$. El agua pura presenta un pH de siete, en los acuíferos cársicos el agua natural muestra un pH que varía entre seis y nueve, debido al carácter ácido-básico de sus rocas.

La disolución de las calizas y dolomías tiene lugar en un proceso equilibrado de $CO_2 - H_2O - CaCO_3$ y $CO_2 - H_2O - CaMg(CO_3)_2$. La disolución de los minerales carbonatados se da como una serie de procesos físicos y químicos donde intervienen sustancias en estados de agregación gaseoso, líquido y sólido, a través de interfases aire-agua-roca. Para el caso de la calcita se presenta el fenómeno de la siguiente manera (Fagundo et al., 1996a).

1. Difusión del CO_2 en el agua durante las precipitaciones: $CO_{2(g)} = CO_{2(ac)}$
2. Formación del ácido carbónico: $CO_{2(ac)} + H_2O_{(l)} = H_2CO_{3(l)}$
3. Disociación del ácido carbónico: $H_2CO_{3(l)} = H^+{}_{(ac)} + HCO_3^-{}_{(ac)}$; $HCO_3^-{}_{(ac)} = H^+{}_{(ac)} + CO_3^{2-}{}_{(ac)}$
4. Disolución de los cristales de $CaCO_3$: $CaCO_{3(s)} = Ca^{2+}{}_{(ac)} + CO_3^{2-}{}_{(ac)}$

El ión CO_3^{2-} formado en esta etapa se combina con el hidrónio para formar HCO_3^-

5. Disociación de la molécula de agua. $H_2O_{(l)} = H^+{}_{(ac)} + OH^-{}_{(ac)}$

En sentido general, la disolución de la calcita puede expresarse de la siguiente forma: $CO_{2(g)} + H_2O_{(l)} + CaCO_{3(s)} = Ca^{2+}{}_{(ac)} + 2HCO_3^-{}_{(ac)}$

La suma de las cargas de los cationes debe ser igual a la suma de las cargas de los aniones, esto garantiza la neutralidad eléctrica de la disolución.

1.1.4. Proceso de carsificación

El proceso de carsificación y cavernamiento, denominado espeleogénesis, se desarrolla de forma diferenciada según la profundidad en el macizo rocoso donde ocurre; en las primeras etapas de la carsificación no se produce una marcada diferencia entre el carso superficial y el más profundo, más avanzado este proceso las diferencias se hacen notables (Molerio, 2004a).

En la zona no saturada generalmente los intersticios están ocupados por aire, lo que determina la alta velocidad del agua en esta zona y la intensidad de los procesos de carsificación; en la zona freática las oquedades están ocupadas por agua, con un lento movimiento de desplazamiento, lo que trae consigo un pobre desarrollo de la carsificación. Los procesos de carsificación desarrollan direcciones preferenciales, asociadas al diámetro y la longitud de los conductos, caudales que circulan por ellos y el tipo de régimen del flujo.

La intensidad de los procesos de carsificación depende, fundamentalmente, de la composición de las rocas, la agresividad del agua, la estructura de las rocas y el clima. Se denomina agresividad a la capacidad que tiene el agua de disolver cierta cantidad de carbonatos; altos contenidos de $CaCO_3$ en las rocas favorecen los procesos de disolución, altos contenidos de CO_2 traen consigo mayor nivel de disolución de los carbonatos y un aumento considerable de las concentraciones en agua de los cationes Ca^{2+} y Mg^{2+}, el descenso del contenido de CO_2 determina la precipitación del $CaCO_3$(Fagundo et al., 1996a). Favorecen estos procesos las estructuras tectónicas, los planos de estratificación y las fracturas.

Los factores climáticos que más influyen en el proceso de carsificación son las temperaturas y las precipitaciones; las temperaturas más bajas determinan el mayor nivel de agresividad del agua, las precipitaciones, por su parte, suministran el volumen de agua que garantiza la continuidad de estos procesos.

El carso debe ser tratado como un medio de doble porosidad, una que corresponde a las oquedades propias de las rocas (porosidad primaria) y otra que se origina con posterioridad a la formación de las rocas, como consecuencia de la fracturación y ensanchamiento de grietas y fallas, provocada por los fenómenos de disolución (porosidad secundaria). A la porosidad primaria le corresponden valores más bajos de difusividad hidráulica que a la porosidad secundaria (González-Báez y Feitó, 1997).

1.1.5. Características de calidad del agua

Como resultado del enriquecimiento del agua proveniente de las precipitaciones, en su contacto con el medio rocoso y los suelos, el contenido de Cl^- no debe exceder los 20 mg/L y su origen está relacionado con la evapotranspiración, la evaporación y la acción de las mareas. El contenido de Na^+ se halla en el orden de 30-60 mg/L, puede tener origen similar al del Cl^- o ser resultado del intercambio iónico con las arcillas.

En el agua subterránea el contenido de NO_3^- depende, en la mayoría de los casos, de la actividad antrópica, con gran influencia del desarrollo agropecuario y el vertidos de residuales. La cantidad de SO_4^{2-} está relacionada con la actividad agrícola y la oxidación de algunos minerales, como la pirita. El contenido del ión K^+ puede sufrir grandes variaciones, debido a la utilización de los fertilizantes y la absorción iónica de las plantas (Fagundo et al., 1996a).

Las sales más abundantes en el agua natural son: el carbonato de calcio, presente en la calcita; el carbonato de calcio y magnesio, en la dolomita; el carbonato de magnesio, en la magnesita; el cloruro de sodio, en el mineral halita; el sulfato de calcio anhidro, en la anhidrita y el sulfato de calcio dihidratado presente en el yeso. La presencia de estas sales permite plantear que los iones predominantes en el agua natural son: Ca^{2+}, Mg^{2+}, Na^+, Cl^-, SO_4^{2-}, HCO_3^-.

La Norma Cubana 93-02:1985, “Agua Potable, Requisito Sanitario y Muestro”, establece la definición de agua potable: agua que por cumplir con los requisitos físicos, químicos y microbiológicos establecidos, puede ser utilizada para beber y en la elaboración de alimentos. En la tabla I.3 (Anexo I) se presentan las concentraciones máximas deseables y admisibles del agua para ser considerada potable desde el punto de vista químico; el pH será deseable de 7 a 8 y máximo admisible de 6,5 a 8,5.

1.2. Los acuíferos cársicos y la intrusión salina

Los sistemas acuíferos costeros abiertos al mar son muy frágiles, susceptibles al desequilibrio ante estímulos de baja intensidad. La vulnerabilidad a la contaminación es una propiedad intrínseca de los sistemas hidrogeológicos que depende de las estructuras geológicas, el relieve y como los patrones de drenaje están conectados y distribuidos espacialmente (Molerio, 2004b). Esta vulnerabilidad también depende de la litología, de las características hidrodinámicas y otros factores presentes, como consecuencia de la paleohidrogeología de los territorios (De Miguel, 1986).

El proceso de intrusión salina está estrechamente vinculado al término sobreexplotación de un acuífero que puede definirse como la extracción de agua del mismo en una cantidad superior a la correspondiente a su alimentación, todo ello en un período de tiempo suficientemente largo como para diferenciar las consecuencias similares que tendrían períodos anormalmente secos (Custodio y Llamas, 1996). Este proceso también guarda estrecha relación con la distribución de las obras de captación en el área y su diseño (De Miguel, 1999).

La sobreexplotación es considerada una forma de contaminación de los acuíferos y trae consigo consecuencias directas e indirectas (Pulido-Bosch, 1997):

- **consecuencias directas**: descenso del nivel piezométrico, compactación del terreno, compartimentación del acuífero, aumento de los costos de explotación y deterioro de la calidad del agua;
- **consecuencias indirectas**: problemas en la evacuación del agua residual, salinización de los suelos, desertificación y cambios en las propiedades físicas del acuífero.

La sobreexplotación provoca otros tipos de degradación en los sistemas acuíferos.

Los autores E. Custodio y M. R. Llamas (1996) definen algunos de los conceptos más importantes en el estudio de los procesos de intrusión salina:

- cuña salina, es una masa de agua salada de gran longitud con sección apoyada en la base del acuífero y con el vértice o pie hacia tierra adentro;
- cono de agua salada, toda protuberancia vertical de la masa de agua salada;
- intrusión marina, es el movimiento permanente o temporal del agua salada tierra adentro, desplazando el agua dulce.

1.2.1. Mecanismo del proceso de intrusión salina

En las formaciones acuíferas abiertas al mar primero se encuentra el agua dulce y le subyace el agua salada proveniente del mar, en forma de cuña orientada tierra adentro; ambos fluidos difieren notablemente en su composición química y sus propiedades físicas, tales como densidad, viscosidad y temperatura (Custodio y Llamas, 1996). En condiciones naturales el equilibrio dinámico entre el agua dulce y el agua de mar es función del caudal vertido al mar, muy sensible ante restricciones en el régimen de alimentación o la sobreexplotación.

Una vez perdidas las condiciones de equilibrio se reajusta el sistema y se obtienen nuevas condiciones de equilibrio, caracterizadas por cotas de agua inferiores a las reportadas con anterioridad, determinado esto por la disminución de la presión del agua dulce y el ascenso del agua salada proveniente de la cuña salina, en forma de cono de intrusión salina. Sí se mantienen las condiciones de alimentación y de sobreexplotación, continúa el ascenso del cono de intrusión hasta que alcanza las obras de captación y comienza a extraerse agua salinizada o salada; una vez afectado el acuífero no es fácil revertir esta situación, pues el agua salada queda rodeada por el agua dulce.

El proceso de intrusión marina trae consigo dos procesos fuertemente interconectados: mezcla entre el agua dulce-agua de mar; fenómenos modificadores y procesos diagenéticos derivados de la interacción mezcla-roca.

Mezcla entre el agua dulce-agua de mar

El término corrosión por efecto de mezcla de agua, empleado por primera vez por Bögli en 1971, es utilizado ampliamente por geomorfólogos y carsólogos para explicar algunos fenómenos de disolución de las rocas por el agua natural (Fagundo et al., 1996a). Mediante la corrosión se explica cómo dos cantidades de agua, saturadas respecto a la calcita, al mezclarse pueden originar un agua agresiva o incrustante, en dependencia de sus propiedades químico-físicas.

El proceso de mezcla en los acuíferos cársicos costeros provoca un aumento considerable del contenido de sales solubles totales (SST) en el agua, determinado por el incremento del contenido de los iones Cl^-, Na^+, Mg^{2+} y SO_4^{2-}. Donde entran en contacto el agua dulce y el agua de mar se origina una zona de mezcla que puede alcanzar un espesor de decenas de metros, en ella ocurren los fenómenos de difusión y dispersión, la combinación de ambos se denomina dispersión hidrodinámica.

La difusión ocurre a escala molecular o iónica, relacionada con el agua que se encuentra en los intersticios de las rocas, consiste en la migración de distintas especies químicas, en virtud de un gradiente de concentración. La dispersión se vincula con el movimiento del agua a través de las oquedades interconectadas en el interior del medio rocoso sólido.

La mezcla de agua dulce-agua de mar, en los acuíferos cársicos costeros, suele traer serias modificaciones en las propiedades físicas y químicas del agua (presión parcial del $CO_{2(g)}$, fuerza iónica, pH, porcentaje de la mezcla) lo que provoca cambios en el comportamiento de las sustancias en estado de disolución y particularmente aquellas que contienen especies carbonatadas.

Fenómenos modificadores de la composición química del agua y procesos diagenéticos debido a la interacción mezcla-roca

El proceso de mezcla entre el agua dulce y el agua de mar no sólo afecta la calidad del agua subterránea, influye también en la diagénesis temprana de las rocas carbonatadas, lo que trae consigo complejos procesos de distintos tipos: disolución de las rocas, precipitación de las sales disueltas, procesos de dolomitización y formación de pedernal.

En el proceso de mezcla interviene la naturaleza del acuífero que modifica la concentración de ciertos iones (iones no conservativos) y por tanto algunas relaciones iónicas (Morell et al. 1997, 1988; González, 1997; Fagundo et al. 2002, 2004).

El vertido de residuales biodegradables en el carso o que llega al mismo sin un adecuado tratamiento, genera volúmenes elevados de CO_2, sulfhídrico y metano, que junto al efecto salino de mezcla de agua, propicia el desarrollo de grandes cavidades en poco tiempo, este fenómeno (denominado antropocarso) se ha puesto en evidencia en la Ronera Santa Cruz, en La Habana y en algunos centrales azucareros de Matanzas.

Plummer (1975) demostró, mediante un experimento cinético, que un agua que contenía $10^{-3.5}$ atmósferas de CO_2 solo era agresiva con una mezcla agua dulce-agua de mar de menos del 5%, mientras con un contenido de 1 atmósfera (del orden del aportado por un residual biodegradable), podía ser muy agresiva con un porcentaje de mezcla desde menos de 5 y hasta cerca del 95%.

Dentro de los fenómenos modificadores que acompañan al proceso de intrusión marina se destacan la disolución-precipitación de carbonatos, intercambio iónico directo e inverso, dolomitización y la reducción de los sulfatos.

El proceso de mezcla agua dulce-agua de mar determina que la solución resultante, generalmente, se presente insaturada en relación a la calcita, lo que provoca la disolución del $CaCO_3$ y el incremento en la solución de las concentraciones de Ca^{2+} y HCO_3^-, esto ha sido reportado por varios autores (González, 1997 y 2003a; Fagundo et al., 2002 y 2004). El nivel de saturación respecto a la calcita, unido a que el agua de mezcla presenta alta concentración de Mg^{2+}, favorece la formación de dolomita o de Mg-calcita, presentes en muchos acuíferos costeros (González, 1997).

Como requisitos para la dolomitización, en la zona de mezcla agua dulce-agua de mar, el agua debe hallarse subsaturada en calcita y sobresaturada en dolomita, según Wigley y Plummer (1976), y la relación $[Mg^{2+}]/[Ca^{2+}]$ debe ser mayor que uno (esto se logra cuando la concentración del ión Cl^- alcanza los 1 000 mg/L), siempre que las condiciones se mantengan por un tiempo mayor que el requerido por la cinética del sistema (Hanshaw y Back, 1980).

Los investigadores tienen opiniones encontradas a cerca de la influencia que ejerce el proceso de dolomitización en las propiedades de permeabilidad del acuífero, algunos plantean que la precipitación de la dolomita provoca disminución de la permeabilidad y otros consideran que en algunos acuíferos porosos este proceso puede aumentar la permeabilidad, debido a las mayores dimensiones de los cristales de dolomita y el aumento de los espacios intersticiales (González, 1997).

El material geológico poroso presenta partículas de tamaño coloidal que tienen la capacidad de intercambiar iones adsorbidos en su superficie (Fagundo et al., 2007-a), esta propiedad se denomina intercambio iónico. En los acuíferos cársicos afectados por la intrusión salina, formados por rocas ricas en arcilla y materia orgánica, el intercambio iónico cobra un papel importante en su hidrogeoquímica (Fagundo et al., 1996a), ya que permite al K^+ intercambiarse por Na^+ y al Ca^{2+} por Mg^{2+}, este proceso depende de la composición química del agua y de las arcillas, el potencial redox, entre otros.

Otro de los fenómenos que provocan cambios en la composición química del agua de los acuíferos afectados por los procesos de intrusión salina es la reducción de los sulfatos. Este fenómeno ocurre en un ambiente reductor, donde existe gran cantidad de materia orgánica acumulada, en condiciones de lento movimiento del agua o de estancamiento; consiste en el paso del ión SO_4^{2-} a un estado inferior de oxidación, generalmente al S^{2-} y otras veces a S o SO_3^{2-}.

La reducción de los sulfatos se realiza en presencia de bacterias que le sirven de catalizador y no sólo altera la composición química del agua sino que, en combinación con otros procesos físico-químicos, interfiere en la hidrogeoquímica de los acuíferos, en el equilibrio de los carbonatos y en la dolomitización.

1.2.2. Composición química del agua afectada por la intrusión salina

En los acuíferos cársicos abiertos al mar se distinguen tres zonas geoquímicas (Fagundo et al., 1996-a): zona en que prevalece el agua del tipo $HCO_3^- - Ca^{2+}$ en equilibrio con la calcita; zona en que prevalece el agua del tipo $Cl^- - Na^+$, sobresaturada en relación a la calcita; zona de mezcla o dispersión, el agua es de tipo $HCO_3^- > Cl^- - Ca^{2+} > Na^+$, $Cl^- > HCO_3^- - Na^+ > Ca^{2+}$ o de facies intermedia, generalmente insaturada en relación a la calcita.

El aumento del contenido de $NaCl$ en el agua determina el aumento de su agresividad, lo que propicia la disolución de cantidades adicionales de carbonatos y la aceleración de la disolución de las rocas carbonatadas. Las concentraciones de los iones HCO_3^- y Ca^{2+} aumentan de forma lineal con el porcentaje de agua de mar en la mezcla agua dulce-agua salada (González et al. 1996), debido al efecto corrosivo de la mezcla.

A nivel mundial la zona de interfaz se caracteriza por presentar concentraciones de SST entre 1 000 y 35 000 mg/L y de Cl^- entre 250 y 1 900 mg/L. En Cuba se adopta como agua de mar aquella que presenta contenido de SST de 30 000 mg/L debido a que, en dependencia del mes o época del año y de la zona en cuestión, las

SST del agua de mar varían desde valores menores de 30 000 hasta 38 000 mg/L (Barros, 1997).

1.3. Métodos de estudio de la intrusión salina

La composición química del agua subterránea es el conjunto de sustancias orgánicas o inorgánicas incorporadas al agua mediante procesos naturales. En el estudio de la composición química del agua subterránea afectada por los procesos de intrusión salina pueden emplearse métodos hidrogeológicos, hidrogeoquímicos, isotópicos y geofísicos.

Los métodos hidrogeológicos permiten el estudio de las propiedades físicas y acuíferas de las rocas, las condiciones de formación y difusión de los yacimientos de agua subterránea, sus regularidades (geológicas, estructurales e hidrodinámicas), pronóstico de las variaciones hidrogeológicas y otras circunstancias naturales (regulación, alimentación, entre otros) al explotar el agua subterránea.

Los métodos hidrogeoquímicos se emplean para revelar las particularidades y regularidades hidrogeoquímicas del agua subterránea, establecer la influencia de la composición química del agua subterránea sobre el desarrollo de los procesos físico-geológicos actuales (carso, sifonamiento, corrimiento, entre otros), argumentar y realizar pronósticos de la posible variación de la calidad del agua subterránea al cambiar el régimen en dicha agua.

Los métodos hidrogeoquímicos también se utilizan para estudiar la influencia de los procesos antropogénicos sobre la composición química y la calidad del agua subterránea, permiten la observación hidrogeoquímica del régimen y las investigaciones de perfiles

(Kliméntov, 1982), los tipos de agua, el origen y evolución espacio-temporal de la salinización, las variaciones de la composición mineralógica de la matriz rocosa del acuífero, la modelación geoquímica de los procesos que rigen la mezcla agua dulce-agua de mar.

Los métodos isotópicos se basan en el estudio de las regularidades de difusión y comportamiento de los isótopos estables y radioactivos (artificiales y naturales) en el agua natural, con el objetivo de dar solución a los problemas hidrogeológicos más diversos. Estos métodos permiten estudiar el origen, la distribución y la edad del agua; el movimiento del agua en la zona de saturación, las características físico-acuífera y filtrante de las rocas y la evolución de la interrelación de los diversos tipos de agua.

Los métodos geofísicos, por su parte, son complementarios en la investigación hidrogeológica, permiten abaratar los trabajos con alto nivel de eficacia y dar solución a las tareas hidrogeológicas recomendadas; se basan en la utilización de los campos físicos naturales o los creados artificialmente, estudian e interpretan las anomalías geofísicas determinadas por las particularidades de las estructuras que se estudian.

Los métodos geofísicos son ampliamente usados para determinar la profundidad de yacencia del agua y la potencia de los horizontes acuíferos, el trazado de mapas y el estudio de dislocaciones tectónicas y las zonas inundadas de elevada fisuración, el estudio de las características geológicas de las rocas, la determinación de la mineralización del agua subterránea, de los suelos y rocas, el estudio de las propiedades físicas de las rocas del acuífero, la revelación del carso, los valles fluviales y las zonas de fisuración elevada.

1.4. Algunos estudios recientes de la intrusión salina a nivel mundial

Los procesos de intrusión marina en los acuíferos costeros han sido estudiados mediante métodos geofísicos, geoquímicos e hidrogeológicos combinados (Steinich et al., 1996), métodos analíticos y estadísticos (Glover, 1959; Bear y Dagan, 1962; Sakar, 1999), métodos numéricos (Rivera et al., 1990; Calvache y Pulido-Bosch, 1993; Granel et al., 1999; Zhou et al., 2000; Sadeg y Karahanolu, 2001; Hsuen-Yu et al., 2008), también se ha empleado los mapas de vulnerabilidades con el objetivo de evaluar la susceptibilidad de los acuíferos cársicos a la contaminación (Goldscheider, 2005).

Los actuales avances en la aplicación de los métodos hidrogeoquímicos están asociados, fundamentalmente, al desarrollo de nuevas tecnologías, técnicas analíticas y los sistemas informáticos que garantizan un adecuado manejo de los datos.

Entre los trabajos de modelación hidrogeoquímica se destacan los de Back et al. (1986) y Back y Hanshaw (1971) en la Península de Yucatán, donde lograron demostrar que los acuíferos cársicos costeros son sistemas geoquímicos dinámicos, donde la zona de dispersión de la mezcla agua dulce-agua de mar es la más activa, estudiaron el papel de los procesos diagenéticos de disolución de los carbonatos, plantearon la hipótesis de que la zona de alta porosidad secundaria y permeabilidad de los acuíferos carbonatados de las llanuras cársicas costeras está asociada a los procesos de disolución ocurridos como resultado de las oscilaciones del nivel del mar, la cual es alternativa a la que plantea como premisa de todo paleocarso la meteorización superficial.

González-Herrera et al. (2002), en Yucatán, estimaron una penetración marina tierra adentro de hasta 10 km, mediante el uso de la modelación.

El fenómeno de intrusión salina afecta muchas áreas de la península ibérica, dentro de los trabajos que tratan la temática en España se destaca el presentado por Castillo y Morell (1988), en él se discuten aspectos metodológicos sobre cómo utilizar la hidrogeoquímica en los estudios de intrusión marina y se presentan los resultados obtenidos por numerosos investigadores en diferentes regiones españolas.

Morell et al. (1988) a través de la hidrogeoquímica demostraron la ocurrencia, con gran intensidad, del fenómeno de reducción de los sulfatos en el área de Mancofar en Castellón; Giménez (1994), por su parte, lograron identificar dos tipos de salinización en el acuífero costero de la Plana de Castellón, una asociada a la intrusión marina y otra al ascenso de agua profunda, así como, la presencia de mezclas ternarias de tres tipos de agua, también pone de manifiesto la intensidad del intercambio iónico.

Lloyd y Telleman (1988) emplearon los métodos hidrogeoquímicos para diferenciar el agua salina según su origen y determinar el nivel de actividad de la intrusión marina; pusieron de manifiesto, a través del estudio de los iones mayoritarios, la existencia de facies del tipo clorurada cálcica como consecuencia de una intrusión marina activa; plantearon la necesidad de estudios hidrogeoquímicos multiparamétricos, hecho reforzado por los resultados obtenidos por Giménez et al. (1995).

Giménez y sus colaboradores, por su parte, utilizaron el análisis de las facies hidroquímicas para reconocer el estado de un acuífero frente al proceso de intrusión marina, establecieron la influencia y predominio de las fases de retroceso e intrusión activa en un momento determinado, información que no se obtiene por otros métodos.

Matsuda et al. (1995), a partir de la hidrogeoquímica, lograron cuantificar los procesos diagenéticos recientes en las zonas vadosa, freática y de mezcla en acuíferos cársicos costeros de las islas Irabu y Ryukyu, y los relacionan con los cambios de porosidad.

Petalas y Diamantis (1999) identificaron diferentes fuentes de agua salina mediante técnicas hidroquímicas en un acuífero costero en Grecia. Stuyfzand (1999) encontró cambios en la composición química del agua, relacionados con los procesos de recarga e intrusión marina en dunas costeras de Holanda.

Martínez y Bocanegra (2002) estudiaron el intercambio iónico en un acuífero costero de Argentina mediante un modelo multicomponente; Lambrakis y Kallergies (2001) usaron una metodología similar para estimar el tiempo de renovación del agua dulce, bajo condiciones naturales de recarga, en tres acuíferos costeros de Grecia. Gemici y Filiz (2000) encontraron que la degradación de la calidad del agua en un acuífero cársico en Turquía estaba asociada a la presencia de fuentes termales y a la intrusión marina, causada por la intensa explotación a que ha sido sometido dicho acuífero.

En algunas áreas costeras el agua extraída de los pozos es una mezcla conservativa de agua dulce del acuífero y agua de mar, lo que ocurre cuando están presentes fuentes de salinidad o contaminación tales como sales concentradas en la zona no saturada, disolución de sales en la zona saturada y efluentes relacionados con la actividad humana. Chiocchini et al. (1997) han relacionado la salinidad del agua en pozos de una región en Roma con depósitos urbanos.

Steinich et al. (1998) determinaron, en áreas de México, que el principal problema que afecta la calidad del agua es la contaminación con nitrato, junto con el agua albañal cruda usada en la irrigación. En acuíferos cársicos de Yucatán se ha detectado contaminación bacteriológica (Pacheco et al., 2000) y por metales pesados (Marín et al., 2000).

1.5. Estudio de la intrusión salina en Cuba

En Cuba, el estudio de los acuíferos cársicos costeros afectados por la intrusión salina ha sido abordado por algunos investigadores, no obstante, es aún insuficiente el nivel de conocimiento que se tiene sobre estos acuíferos y los fenómenos que lo afectan.

El empleo de métodos geológicos, geofísicos, geomorfológicos, hidrogeológicos, hidrodinámicos y de Ingeniería Sanitaria y Ambiental ha permitido obtener novedosa y útil información sobre algunas propiedades del material acuífero (Rodríguez, 1990; Valcarce, 1998; Cantillo, 2011), así como los factores estructurales que condicionan el proceso de mezcla agua dulce-agua salada (Llanusa, 1990; Rocamora et al., 1997; Barros y León, 1997; Barros, 1997; González y Feitó, 1997).

En el estudio de los acuíferos cársicos costeros intrusionados se emplean los métodos hidrogeoquímicos no como una herramienta más, sino como un objetivo ineludible. Estos métodos comenzaron a ser empleados en Cuba en la década de los 80 y han recibido un notable impulso en la primera década de este siglo; se destacan los valiosos resultados obtenidos, en cerca de 30 años de investigación, por el Dr. Sc. Juan R. Fagundo Castillo y su equipo de trabajo, que cuentan en su haber numerosos libros, artículos científicos, metodologías, proyectos, tesis de maestrías y doctorados.

Las investigaciones hidrogeoquímicas en acuíferos cársicos costeros intrusionados no se han desarrollado de forma homogénea en todo el país, se destacan las cuencas de La Habana y Matanzas por presentar un conocimiento más detallado. A continuación se analizan los principales resultados de estas investigaciones.

Isla de la Juventud

Leonarte y Fagundo (2005, 2007) estudiaron la evolución en el tiempo de la calidad del agua de varias fuentes de las cuencas Gerona y La Fe, con el objetivo de evaluar los procesos hidrogeoquímicos, mediante modelos hidrogeoquímicos; pudieron comprobar que el deterioro de la calidad del agua de la cuenca Gerona es consecuencia de su explotación en condiciones hidrogeológicas poco favorables, lo que trajo como consecuencia el incremento de la intrusión marina. Comprobaron que en condiciones dinámicas la composición media del agua depende de la alimentación y la explotación. Determinaron los patrones hidroquímicos en la cuenca y los principales procesos que tienen lugar, la relación lineal entre la concentración iónica y la conductividad eléctrica, la representación gráfica de la composición química del agua y que en la cuenca Gerona el agua puede presentar mezcla de hasta 2,1% de agua de mar.

Pinar del Río

Hernández (2001) realizó el estudio hidrodinámico e hidroquímico de la cuenca Guane para determinar las principales relaciones iónicas, los deltas iónicos y las distintas facies hidroquímicas; para ello empleó métodos automatizados y técnicas estadísticas multivariantes. Concluyó que la alta demanda de agua de la agricultura ha provocado la sobreexplotación del acuífero, que la dirección N-S es predominante en el proceso de salinización. Estableció el esquema de paleohidrogeología del territorio, caracterizó la hidrogeoquímica del acuífero y la zonación en planta según el grado de salinización, determinó que el agua de los pantanos es otra fuente de salinización. Puso de manifiesto una anisotropía zonal y evidenció que el deterioro de los paisajes y la explotación es la causa de la salinización.

Hernández et al. (2005) profundizaron en la evolución de la intrusión salina y la posición de la cuña de agua salada en el acuífero Guane en el período de 1997 a 2004, mediante técnicas hidrogeoquímicas, hidrogeológicas, geofísicas y estadísticas. Determinaron las zonas del acuífero que se comportan como abiertas al mar, como la composición del agua dulce puede ser alterada por el régimen de lluvia y que en sectores cercanos a la costa se produce la inversión de flujo. Los modelos geoeléctricos confirmaron los cambios en la mineralización del agua a distintas profundidades y que la intrusión marina está relacionada con la explotación del acuífero y los fenómenos cársicos.

Cuenca Sur de La Habana

Ferrera et al. (1995) estudiaron los cambios hidrogeoquímicos en pozos de abasto pertenecientes al INRH en el período 1984-1987, con el empleo de sistemas de cómputo, lo que permitió confirmar que algunos pozos presentan agua con concentraciones de cloruros estables en el tiempo y otros, con un alto grado de salinización, un aumento progresivo de los cloruros.

En el período 1996-1999 se desarrolló en el sector Güira-Quivicán el proyecto de investigación "Evaluación automatizada de la respuesta hidrogeoquímica de los acuíferos cársicos costeros ante el impacto del hombre y los cambios globales"; como resultado de este proyecto se presenta, en Fagundo et al. (1999) y González et al. (1999a), una metodología para el monitoreo y caracterización de las diferentes facies hidroquímicas presentes en los acuíferos cársicos costeros intrusionados.

González (2003a), mediante la modelación hidrogeoquímica directa e inversa en el Sector Hidrogeológico Güira-Quivicán, pudo no sólo determinar los porcentajes de mezcla agua dulce-agua de mar, sino también identificar y cuantificar los fenómenos modificadores de la composición química del agua natural y los procesos diagenéticos que acompañan la intrusión marina. Logró interpretar la transformación del relieve y comparar la velocidad de la erosión en diferentes medios y latitudes, calculó la denudación química, demostró la gran corrosión química a que está sometido este acuífero, producto de la intrusión marina.

Otros resultados obtenidos del estudio hidrogeoquímico del Sector Güira-Quivicán aparecen en artículos de los autores González et al. (1999b y 2003b) y Fagundo et al. (2004).

Cuencas Norte y Sur de Matanzas y Ciénaga de Zapata

Fagundo et al. (1992a) demostraron que el factor determinante en la composición química del agua en la cuenca Zapata es el proceso de mezcla entre el agua dulce y el agua de mar; el medio rocoso aporta fundamentalmente HCO_3^- y Ca^{2+}, sin embargo en el tránsito hacia la costa se incrementa su contenido de Cl^-, Na^+ y Mg^{2+}, propio del agua de mar, esto se acelera por la explotación del acuífero; determinaron que el agua en los pozos se encuentra estratificada. El procesamiento de los datos permitió obtener un juego de ecuaciones matemáticas que facilitan el control de la composición química del agua a partir de la conductividad eléctrica.

Molerio et al. (2002b) presentaron los resultados en la aplicación de métodos de análisis multivariados para determinar los factores que condicionan o influyen en los procesos de adquisición de la composición química e isotópica del agua subterránea en la región de Varadero-Cárdenas, determinaron que se presenta mayor proporción de los iones Cl^- y Na^+ en Cárdenas, que el incremento del ión Cl^- viene acompañado de la disminución del ión HCO_3^-, con SO_4^{2-} casi constante, que la mayor contaminación la aportan los vertidos urbanos e industriales y los aerosoles. El agua en Varadero tiene diferentes proporciones de los iones Na^+, Cl^- y SO_4^{2-}; la distribución de los macroconstituyentes muestra que existen zonas que pudieran asociarse a sistemas locales de flujo. El análisis factorial mostró que tres factores permiten explicar el 85 % de la varianza total.

Ferrera et al. (1999) expusieron los resultados de la campaña de muestreo de abril de 1995 en la Ciénaga de Zapata, determinaron cuatro grupos de agua en el área, en estrecha interrelación con la regionalización hidrológica. Comprobaron que en los perfiles Playa Larga y Santo Tomás se incrementa la salinización a medida que los puntos se acercan a la zona costera, pudieron probar que la causa principal del incremento de la mineralización es la mezcla del agua del acuífero con el agua del mar.

Beato y Fagundo (2007) estudiaron las principales regularidades geoquímicas del agua subterránea que drena depósitos carbonatados en la cuenca hidrogeológica M-1; como se relacionan la composición química, los tipos de agua y los patrones hidrogeoquímicos con el medio geológico; la evolución química del agua en la dirección del flujo; la variación temporal del contenido de minerales disueltos. Fueron determinadas las principales facies hidroquímicas y su evolución.

Morell et al. (1997), por su parte, mediante el uso de la hidrogeoquímica, estudiaron el comportamiento del proceso de intrusión marina en la Ciénaga de Zapata y de los principales procesos modificadores que se ponen de manifiesto en esa región.

1.6. Metodología establecida durante la investigación hidrogeoquímica ejecutada

La metodología hidrogeoquímica básica debe considerar dos etapas fundamentales:

- primera etapa: se establecen los parámetros físico-químicos y los iones disueltos (Fidelibus, 1991 (en: González, 2003a)), a esta etapa se le suele llamar caracterización hidroquímica. Es necesario que la determinación de los parámetros básicos sea precisa para evitar llegar a conclusiones erróneas. Las técnicas de medición y de muestreo no son independientes de la utilización posterior de los datos hidroquímicos obtenidos.

- segunda etapa: aplicación de técnicas adecuadas de análisis hidrogeoquímico para interpretar, comprender y resolver el problema planteado; se usan como herramientas fundamentales la clasificación hidroquímica, el procesamiento hidrogeoquímico y estadístico, así como la representación gráfica de datos hidroquímicos y la modelación hidrogeoquímica, con el objetivo de determinar los diferentes procesos que han intervenido en la composición química del agua, lo que permite esclarecer la geoquímica del sistema y los procesos diagenéticos que intervienen en la misma.

En la bibliografía consultada existen algunas metodologías hidrogeoquímicas, desarrolladas por distintos autores (Castillo y Morell, 1988; Giménez, 1994; ASTM, 1995; Gonzáles, et al. 1999a; Fagundo et al., 1999a y 2001; Gonzáles, 2003), en particular se destaca la propuesta realizada por Houlihan y Botek (2007) donde se presenta una metodología general para el análisis de los datos obtenidos en la actividad de monitoreo del agua subterránea, en la que se proponen 4 pasos fundamentales: seleccionar el método de análisis estadístico apropiado; realizar el análisis estadístico de los datos; sí se detecta un aumento estadísticamente significativo, reevaluar la validez del análisis; sí el aumento estadísticamente significativo se confirma, poner en práctica acciones apropiadas de respuesta.

Houlihan y Botek (2007) plantean, después de la validación de los datos, evaluar si se han producido cambios espacio-temporales en las características de calidad del agua subterránea, para ello se debe confirmar la presencia de agentes contaminantes y luego realizar la evaluación de la contribución de la fuente contaminante. Para determinar si un contaminante está presente en el agua proponen emplear métodos estadísticos.

El rango probable de todos los valores lo calculan a partir de probar que los datos muestrales se ajustan a distribuciones teóricas conocidas (normal, lognormal, entre otras) lo que permite calcular la probabilidad de que la concentración supere un valor determinado; proponen valorar el ajuste de los datos a la distribución normal a través del coeficiente de variación, si es mayor que uno los datos no se ajustan a esta distribución, como técnicas alternativas para este análisis plantea el uso de los gráficos de probabilidad y el coeficiente de asimetría. Para comparar las medias de diferentes grupos de pozos o distinto grupos de observaciones en un mismo pozo, proponen el análisis de varianza (ANOVA).

Una vez detectada la presencia de contaminantes, Houlihan y Botek proponen un grupo de acciones para verificar que los resultados de las prueba no sean un indicador de falso-positivo de contaminación, dado por: las variaciones naturales de la calidad del agua subterránea, fuente contaminante diferente de la fuente potencial, problemas en la construcción del pozo, error analítico, error estadístico, error de muestreo.

La autora de esta tesis, a partir de los estudios realizados y 10 años de experiencia práctica en el monitoreo de los recursos hídricos subterráneo de la cuenca Costera Sur de Camagüey, propone modificaciones a la metodología propuesta por Houlihan y Botek (2007) con el objetivo de adecuarla al estudio hidrogeoquímico de una cuenca cuando el agente contaminante fundamental es el agua de mar. Dentro de las modificaciones propuestas se pueden destacar:

- la aplicación de técnicas estadísticas no paramétricas (prueba de suma de rangos) para valorar las variaciones naturales y antrópicas en la calidad del agua y determinar los grupos de observaciones en cada pozo;
- el uso de la prueba de la curtosis para valorar el ajuste de las variables hidroguímicas a la distribución normal;
- realizar el cálculo de los estadísticos principales de las variables después de comprobar los grupos de observaciones existentes en cada pozo;
- el uso de técnicas estadísticas multivariantes para establecer la fuente fundamental de contaminación y los grupos de pozos en atención a la calidad del agua;
- el empleo de la modelación hidrogeoquímica inversa para evaluar el aporte de la fuente contaminante en distintas áreas de la cuenca y a distintas profundidades.

La aplicación de la metodología propuesta, en el estudio hidrogeoquímico de una cuenca costera sometido a una intensa explotación durante muchos años, como es el caso de la cuenca Costera Sur de Camagüey, ha permitido la evaluación del proceso de intrusión salina en el espacio y el tiempo y encontrar procesos de intercambio iónico directo (incremento de sodio y disminución de calcio en el agua) durante los períodos de intensa explotación, y de intercambio iónico inverso (incremento de calcio y disminución de sodio en el agua) durante los períodos de poca explotación, lo cual no había sido reportado con anterioridad.

II. CARACTERIZACIÓN DEL TERRITORIO DE ESTUDIO

Las características del carso en la provincia de Camagüey y su distribución están íntimamente relacionadas con el relieve, la geología y el clima del área.

2.1. Ubicación geográfica

El área de estudio se encuentra ubicada en la provincia de Camagüey, en forma de franja paralela a la línea costera de alrededor de 140 km de longitud y un ancho irregular entre 15 y 25 km; ocupa parte de los municipios Florida, Vertientes y Santa Cruz del Sur. Limita al oeste con la provincia Ciego de Ávila, al este con la provincia Las Tunas, al norte con el área central de la provincia y al sur con el mar Caribe, de forma directa, o con áreas pantanosas costeras (Fig. II.1, Anexo II).

2.1.1. Condiciones geológicas y estructurales

La geografía de Cuba y sus mares adyacentes se sustenta en un sustrato rocoso de origen variado, formado por rocas ígneas, sedimentarias y metamórficas; resultado de complejos procesos de evolución de las rocas originadas en ambientes diversos y que fueron transformadas por paleoambientes ya desaparecidos y por el existente actualmente; predominan rocas sedimentarias, formadas como consecuencia de la acumulación de materiales en la superficie terrestre y por las que afloran a la superficie, originadas en ambiente marino, o como resultado de la actividad biógena.

Cuba pertenece a la placa Norteamericana, al sur del Oriente cubano pasa el límite con la placa del Caribe que se desplaza hacia el este a razón de 15 mm anuales. El megabloque del Archipiélago Cubano se subdivide a lo largo de fallas transversales, diagonales y longitudinales, en un conjunto de unidades de distintos órdenes, que oscilan entre cientos de kilómetros hasta cientos de metros. En este mosaico morfoestructural se encuentra el mesobloque Camagüey, que tiene como límite al oeste la falla La Trocha y al este la falla Nipe-Guacanayabo (Iturralde-Vinent, 2006).

En el Eoceno medio Cuba comienza una etapa geotectónica caracterizada por el predominio de movimientos verticales que subdividieron el territorio en diferentes bloques, a los cuales se superpusieron las grandes transgresiones marinas del Neógeno hasta el Cuaternario que depositaron capas de cobertura (generalmente carbonatada, terrígena y la mezcla de ellas) sobre las estructuras antiguas del basamento del mesobloque, provenientes del material erosionado y redepositado en valles de ríos y en la línea de costa que constantemente cambiaba su posición.

En el área de estudio, sobre el basamento, se desarrolla la cobertura plataformica del Neógeno, de carácter neoautóctono del Mioceno temprano (Fig. II.2, Anexo II). Dicha cobertura la componen las formaciones Arroyo Palma y Güines que pueden alcanzar espesores entre 250 y 300 m. Esta cobertura yace discordante sobre el substrato.

La Formación Arroyo Palma (Mioceno inferior-medio) se presenta en forma de pequeños afloramientos de aleurolitas blancuzcas hasta amarillo cremoso, arcillas, margas muy calcáreas (sin estratificación clara) y calizas arcillosas cavernosas con distribución regular tanto en dirección vertical como horizontal. El ambiente de sedimentación de agua nerítica, plataformica, en condiciones de bahía tranquila, con predominio de la sedimentación lodosacarbonatada, en algunos lugares las calcarenitas transicionan hacia la facies periarrecifal. Puede estar cubierta por la Formación Güines o por depósitos del Cuaternario. En la figura II.3 (Anexo II) se presenta el perfil III-III' donde aparecen rocas de la Formación Arroyo Palma.

Al comienzo del Mioceno temprano predominaba la deposición de sedimentos gruesos alimentada por el proceso de erosión activa en las tierras colindantes, a consecuencia del avance de la trasgresión se impone una sedimentación de tipo pelítico-carbonatada donde las dos componentes estaban en equilibrio oscilatorio.

La Formación Güines se descubre en muchos pozos o calas del territorio, se compone de calizas fuertes, masivas, cristalinas, blancas hasta rosadas, muy cavernosas, con organismos marinos y lentes de arcillas y en la parte inferior se intercalan calizas arcillosas hasta margas. Sus rocas se encuentran fuertemente recristalizas o dolomitizadas lo que también ocurre en la cercanía de las transiciones laterales hacia la Formación Arroyo Palma. Casi siempre yace concordante sobre la Formación Arroyo Palma y raramente discordante y transgresivamente sobre rocas paleogénicas (Eoceno medio). Es probable que el ambiente de sedimentación fuera de bahía somera, cálida, tranquila, hasta moderadamente agitada (Sánchez et al., 1988).

Los depósitos del Cuaternario están pobremente estudiados y en la vertiente sur de Camagüey están divididos en depósitos de formaciones insulares (depósitos rojos, aluviales y aluviales-diluviales) y depósitos intermedios en áreas laterales costeras, acumulados por la influencia de agentes marinos e insulares (marismas y pantanos).

2.2. Clima

En la provincia de Camagüey, dado lo extenso de su superficie y su relieve llano, se presentan rasgos de continentalidad que, como en ninguna otra región del país, constituye un factor de gran importancia en la conformación del clima. Se establecen dos estaciones climáticas bien diferenciadas: un período lluvioso (de mayo a octubre) y un período seco (de noviembre a abril). El período lluvioso no es homogéneo, está constituido por dos subperíodos lluviosos separados por la denominada "Sequía Interestival". En el período lluvioso las principales precipitaciones están dadas por hondonadas, ondas tropicales y ciclones.

Dada la posición de Camagüey, en relación al Anticiclón del Atlántico, el área se encuentra sometida a la influencia de los vientos alisios del este (en el período lluvioso) y del noreste (en el período poco lluvioso). En ocasiones esta corriente es interrumpida en el período lluvioso por perturbaciones sinópticas que producen variaciones en la dirección e intensidad del viento. Lo mismo ocurre en el período poco lluvioso, debido a sistemas frontales y sures, así como al desplazamiento de los anticiclones migratorios.

En la caracterización climática del área se usó las series de datos de las estaciones meteorológicas Florida (de 1978 al 2006) y Santa Cruz del Sur (de 1986 al 2006).

2.2.1. Descripción de las variables climáticas

Temperatura media: Florida presentan como promedio anual 25,2^{0}C, los meses del período lluvioso alcanzan los mayores valores (entre 25,9^{0}C y 27,5^{0}C), le corresponde el valor más alto al mes de julio; Santa Cruz del Sur alcanza como promedio anual

25,4 ^0C, los valores más altos se registran en los meses del período lluvioso (entre 26,2 ^0C y 27,4 ^0C), con máximos en los meses de julio y agosto.

Temperaturas máximas del aire: Florida presenta como promedio anual 30,9 ^0C, con 30 ^0C en los meses de marzo a octubre y el valor más alto de 33,1 ^0C en los meses de julio y agosto; Santa Cruz del Sur presenta como promedio anual 31,2 ^0C, en agosto registra el valor más alto con 33,0 ^0C, seguido de julio con 32,9 ^0C.

Temperaturas mínimas del aire: Florida registra como promedio anual 20,9 ^0C y durante el transcurso del año oscila entre 17,1 ^0C y 23,1 ^0C, en enero y febrero se pueden registrar valores absolutos por debajo de los 16 ^0C; Santa Cruz del Sur registra como promedio anual 20,5 ^0C y durante el transcurso del año varía entre 17,2 ^0C y 22,9 ^0C, en enero y febrero pueden registrar valores absolutos por debajo de 12 ^0C.

Humedad relativa: Florida alcanza como promedio el 80 $\%$, en los meses de junio a diciembre y enero se presenta entre 80 y 84 $\%$, el resto de los meses entre el 74 y 78 $\%$; Santa Cruz del Sur presenta como promedio 81 $\%$, con valores más altos en el período lluvioso (septiembre y octubre) con 84 $\%$, en abril se presenta el menor valor, de 76 $\%$.

Insolación: Florida presenta un promedio anual de 8,2 $horas-luz/día$, en el período poco lluvioso oscila entre 7,4 y 7,9 $horas-luz/día$, los registros más altos se producen entre los meses de febrero y abril, entre 8,7 y 9,3 $horas-luz/día$; Santa Cruz del Sur presenta un promedio de 8,6 $horas-luz/día$, en el período poco lluvioso oscila entre 7,9 y 8,4 $horas-luz/día$, los registros mayores se producen entre febrero y abril, entre 9,0 y 9,6 $horas-luz/día$.

Velocidad del viento: Florida presenta como promedio 7,8 km/h, los valores más altos de la velocidad media se registran en el período poco lluvioso, los cuales oscilan entre los 8,5 y 9,4 km/h (en marzo); Santa Cruz del Sur presenta como promedio 12,3 km/h, los valores más altos de la velocidad media del viento se registran en el período poco lluvioso, los cuales oscilan entre 11,8 y 14,5 km/h (en febrero).

Evapotranspiración potencial: Florida alcanza como promedio en el año 2 110,4 mm, le corresponde el 46,9% al período poco lluvioso y el 53,1% al período lluvioso; Santa Cruz del Sur presenta como promedio anual 2 108,1 mm, le corresponde el 44,9% al período poco lluvioso y el 55,1% al período lluvioso.

Acumulados de lluvia: Florida durante el año registran como promedio 1427,4 mm, le corresponde el 80,5 $\%$ al período lluvioso y el 19,5 $\%$ al período poco lluvioso, en enero se manifiestan los menores acumulados con 29,0 mm (como promedio), mientras que junio y septiembre presentan los mayores acumulados con 267,2 mm y 197,2 mm, respectivamente, en julio presenta los acumulados más bajos del período lluvioso (sequía Interestival); Santa Cruz del Sur registra como promedio 1018,1 mm, le corresponde el 78,8% al período lluvioso y el 21,2 $\%$ al período poco lluvioso, enero reporta los menores acumulados con 26,8 mm (como promedio), mientras que Junio y octubre alcanzan los mayores registros promedios, 147,9 y 146,0 mm, respectivamente, en julio y agosto se observan los registros más bajos del período lluviosos.

2.2.2. Caracterización del índice de sequía

El clima de Florida clasifica como semihúmedo, con una demanda hídrica atmosférica bastante alta, 2 110 mm al año, y precipitaciones medias que satisfacen algo más de la mitad de dicha demanda, con un mes húmedo (junio) y cinco meses semihúmedos, solo el mes de septiembre clasifica de bien en el abasto de agua, el resto de los meses clasifica de regular. En Santa Cruz del Sur las precipitaciones son muy bajas y existe una alta demanda hídrica atmosférica, lo que determina que el clima sea seco; nueve meses del año son secos, solo junio, septiembre y octubre son semihúmedos.

En Florida se presentan dos períodos de recarga separados por un mínimo en el mes de julio; el primero presenta un mayor escurrimiento total que el segundo, con un mes de junio de gran aporte. En Santa Cruz del Sur el escurrimiento medio anual es muy bajo, las vías pluviales se mantienen generalmente secas o con muy bajo caudal, prácticamente no se observa ningún período de recarga durante el año, por lo que no se garantizan reservas en los embalses para los meses de sequía.

En las tablas II.1 y II.2 (Anexo II) se presenta el balance hídrico de las estaciones climáticas Florida y Santa Cruz del Sur, se observa que la mayoría de los componentes presentan valores más altos en la estación Florida. El Índice de Sequía Agrícola en Florida es ligeramente superior (0,5 y 0,4).

2.2.3. Hidrografía

En el área de estudio el alto nivel de infiltración del agua, provocado por la actividad cársica, determina un pobre desarrollo de la red hidrográfica, los ríos y arroyos generalmente son intermitentes, por ellos corre el agua en períodos lluviosos y se secan cuando escasean las precipitaciones.

Otro aspecto que afecta la circulación del agua por los principales cauces fluviales es la existencia de obras hidráulicas construidas con el objetivo de almacenar y regular los volúmenes de agua necesarios para el desarrollo de la agricultura y la acuicultura, se destacan las presas Muñoz (río Jiquí), Jimaguayú (río San Pedro), Durán II (río Durán) y Najasa I (río Najasa); gran número de pequeñas presas y micropresas; obras hidroreguladoras, derivadoras y canales.

2.3. Relieve

La complejidad tectónica del relieve cubano está determinada por los procesos endógenos característicos de la posición insular de las Antillas (zona de interacción de las placas) y por los procesos exógenos, dada su posición geográfica (borde septentrional de la franja tropical); es resultado de su accidentada historia geológica, grandes desplazamientos horizontales a los cuales se adicionan el desarrollo de estructuras alpinas y la aparición de los arcos volcánicos. La altitud del relieve, generalmente, refleja su edad y condiciones de formación.

El relieve actual de Camagüey está formado por un complejo plano morfoestructural, creado durante el curso de la orogénesis caribeña y los rasgos adquiridos durante la etapa de desarrollo plataförmico (a partir del Eoceno) por la acción marina, fluvial, cársica, biogénica y antrópica. La llanura marina muestra una sucesión escalonada de superficies horizontales y subhorizontales que se suponen son terrazas marinas con varios niveles, su origen es tectónico, erosivo, denudativo u otros. El relieve del área de estudio presenta pendiente suave, sin elevaciones notables, con cotas topográficas que van desde la cota cero hasta alrededor de 40-50 m, en el límite norte de la Cuenca.

A continuación se ofrece una breve descripción de los principales tipos de relieve.

Relieve fluvial: formado por corrientes de agua permanente o temporal, con sedimentos de espesor variable y formas de relieve tales como barrancos y cárcavas.

Relieve fluvial-marino: representado por deltas antiguos y actuales, es determinante en esta unidad geomorfológica la secuencia de sedimentos, su estructura y morfología.

Relieve marino: constituye la unidad del relieve más extendida de Camagüey; en él se presentan tres niveles hipsométricos que generalizan las terrazas marinas en el territorio; son de origen acumulativos, abrasivo-acumulativos y abrasivos; junto al de Ciego de Ávila forman una unidad geólogo-geomorfológica continua.

2.3.1. Carso

El carso más importante que se presenta en Camagüey, por su extensión, es el de llanura, que puede encontrarse sumergido (desde el borde de la plataforma insular hasta la costa) tanto al norte como al sur de la provincia. En ambas costas, a partir de la línea costera, se desarrolla una franja de carso litoral pantanoso cubierto de mangles.

A partir de la zona de mangles y hacia el interior de la provincia (con alturas entre 0 y 10 m) se encuentra una amplia zona de carso cubierto por sedimentos delgados areno-arcillosos, margosos y turbosos donde abundan los valles ciegos y semiciegos con grandes sumideros, embudos cársicos y depresiones pequeñas; en áreas de los deltas de los ríos San Pedro y Najasa se han producido hundimientos de origen cársico. Esta franja limita, casi en su totalidad, con otra zona de carso cubierto, inclinado y transformado por la denudación (con altura entre 10 y 40 m), donde abundan embudos cársicos y depresiones pequeñas, que se extiende hasta las áreas no cársicas.

2.4. Condiciones hidrogeológicas

En la vertiente sur de Camagüey fueron definidos siete complejos acuíferos, que a su vez agrupan varias formaciones con tendencia central en su acuosidad (Sánchez et al., 1988): Complejo acuífero de las rocas intrusivas básicas y ultrabásicas serpentinizadas (corteza oceánica); Complejo acuífero de las rocas intrusivas ácidas (arco de islas); Complejo acuífero de las rocas vulcanógeno-sedimentarias del Cretácico superior (arco de islas); Complejo acuífero de las rocas sedimentarias del Cretácico superior; Complejo acuífero de las rocas terrígeno-carbonatadas del Paleógeno; Complejo acuífero de las rocas terrígeno-carbonatadas del Neógeno (plataforma moderna); Complejo acuífero de las rocas carbonatadas del Neógeno (plataforma moderna).

Las rocas premiocénicas presentan acuosidades menores que las miocénicas, el Complejo acuífero de las rocas terrígeno-carbonatadas del Neógeno (plataforma moderna) constituye la fuente fundamental de suministro de agua subterránea. Las formaciones cuaternarias, en la mayoría de los casos, no tienen importancia práctica como suministradora de agua, sin embargo, juega un importante papel como modificadora del carácter del flujo subterráneo, espesores considerables de estos suelos hacen que el acuífero miocénico adquiera un carácter esencialmente artesiano.

2.4.1. Complejo acuífero de las rocas terrígeno-carbonatadas del Neógeno (plataforma moderna)

El Complejo acuífero de las rocas terrígeno-carbonatadas del Neógeno (Fig. II.4, Anexo II) suprayece a las rocas del Paleógeno y del Cretácico, las cuales se consideran relativamente impermeables y constituyen su piso; el techo lo constituyen los sedimentos del cuaternario con espesores que oscilan desde unos centímetros hasta $10\,m$, los mayores espesores lo alcanza a partir de las zonas pantanosas hasta unos $10\,km$ tierra adentro. A este complejo le corresponden rocas de las formaciones miocénicas Güines y Arroyo Palma, los contactos entre ellas no están bien definidos, por lo que ambas son consideradas como una sola unidad hidrogeológica a los efectos de establecer sus características, aunque en el plano se presentan independientes.

La alimentación del acuífero está dada, fundamentalmente, por las precipitaciones, a través de los afloramientos de las rocas o a través de los suelos poco permeables que los cubren; también contribuyen los ríos, corrientes superficiales no permanentes, canales de riego y del agua que se vierte en los campos de riego. El aporte proveniente de las rocas del Paleógeno y Cretácico es pequeño y no tiene significado práctico, el hecho de que las rocas del mioceno colindantes con las del Paleógeno no presenten prácticamente un aumento en la mineralización corrobora lo expresado. La permeabilidad de los depósitos cuaternarios que cubren las rocas del mioceno oscila entre 0,002 y 0,5 $m/día$, por lo que también contribuyen a la alimentación del acuífero.

La circulación del agua subterránea es de tipo cársico fisurado (fisural), tiene lugar a través de canales aislados entre sí (con zonas de alimentación y descarga independientes) pero más comúnmente ocurre a través de grandes corrientes de agua que se encuentran unidas; la dirección del flujo subterráneo regional es de NE a SW.

El coeficiente de filtración promedio para la Cuenca es 130 $m/día$. El espesor de las rocas alcanza de 115-120 m (en las proximidades de la zona pantanosa costera) y disminuye en dirección noreste. Según ensayos de filtración realizados, los coeficientes de filtración entre los 50-70 m de profundidad disminuyen hasta más de diez veces en relación a las rocas suprayacentes. Los límites del horizonte acuífero, en dirección a la costa, deben considerarse algo más alejado de esta que el límite geológico a causa del carácter arcilloso de las zonas limítrofes con las zonas pantanosas costeras.

En la parte oeste de la Cuenca, comprendida entre los ríos Cieguito y San Pedro, las rocas miocénicas están representadas en su porción superior por la Formación Güines, fuertemente carcificada, y en su parte inferior una secuencia arcillosa-margosa con intercalaciones de calizas propia de la Formación Arroyo Palma, esta última se hunde rumbo al mar con una pendiente de 10^0 aproximadamente. Gran parte de esta área está cubierto por la Formación Rincón Hondo, del cuaternario. Según los datos de infiltración, la región se divide en dos zonas: norte, a lo largo de la costa, con trasmisibilidad promedio T=11 500 $m^2/día$ y meridional (que es más grande) con trasmisibilidad media de T=4 300 $m^2/día$.

Se advierte que las magnitudes más altas de trasmisibilidad le corresponden al centro, al oeste y al este la trasmisibilidad disminuye.

En la parte central de la cuenca, entre los ríos San Pedro y Najasa, se encuentran las rocas miocénicas que limitan al noroeste con los sedimentos paleogénicos y al sudoeste los depósitos aluviales-eluviales pantanosos del cuaternario de 3 a $10m$ de espesor. En la porción noroeste de esta parte, el corte miocénico está representado por calizas organógenas carsificadas en los primeros $10m$, con intercalaciones de dolomita, y margas, perteneciente a la Formación Güines; más abajo el componente margoso aumenta, propio de la Formación Arroyo Palma. En la porción suroeste, junto al mar, el espesor de las rocas miocénicas alcanza $170m$ y al noreste se acuña hasta cero, la trasmisibilidad varía de 7 000 a 3 500 $m^2/día$ y su promedio es de 3 900 $m^2/día$.

En la región este de la Cuenca, del río Najasa a su límite oriental, las rocas miocénicas colindan al norte con rocas paleogénicas o cretácicas y al sur con depósitos litorales pantanosos del cuaternario o depósitos eluviales. Se presenta la Formación Arroyo Palma, representada por una alternancia de calizas carsificadas, calizas arcillosas, arcillas y areniscas. El carso tiene un desarrollo diferenciado: al norte las calizas carsificadas alcanzan un espesor de 20-$25m$, al sur predominan las calizas arcillosas y la carsificación disminuye hasta hacerse cero, perfil III-III' (Fig. II.3, Anexo II). El gasto específico promedio es de $30L/s*m$, la trasmisibilidad varía de 4 500 a 3 000 $m^2/día$.

El agua subterránea hasta la profundidad de 100 m es generalmente ultradulce y dulce, con SST menores de 1 g/L, de tipos hidrogenocarbonatada magnésicas e hidrogenocarbonatada magnésicas sódicas. Existen áreas en la cercanía de las localidades Candido González, Haití y La Alina-San Antonio, situados en la cercanía de la zona pantanosa, donde el agua presenta contenido de SST, en la superficie de los pozos, mayor de 1 g/L, que aumenta considerablemente con la profundidad; en estos casos el agua generalmente es clorurada hidrogenocarbonatada sódica cálcica, clorurada sódica cálcica, clorurada magnésica sódica o clorurada sódica cálcica.

El INRH, en atención a sus grandes dimensiones, divide la Cuenca en cuatro subcuencas (Florida, Vertientes, Sierra Maestra y Najasa) y 16 sectores de explotación, con el interés de administrar y preservar mejor sus recursos hídricos. El estudio detallado de los sectores de explotación permitió precisar los parámetros hidrogeológicos fundamentales (Tab. II.3, Anexo II) con el objetivo de cuantificar las reservas en diferentes categorías de explotación (Tab. II.4, Anexo II).

2.5. Procesos antrópicos

El área de estudio posee excelentes suelos, propicios para el cultivo del arroz, lo que ha determinado la existencia de extensas áreas arroceras, que en muchos casos se mantienen en explotación desde varios años antes del triunfo de la Revolución, también se siembran pastos y caña de azúcar, ver en la tabla II.4 (Anexo II).

Dentro del balance hídrico de la Cuenca se destacan las extracciones, que en un año han alcanzado hasta cerca de 300 hm^3, a través de pozos de 30-40 m de profundidad, caudales de explotación entre 4 320 y 7 776 $m^3/día$ y 50-90 L/s, aunque ocasionalmente puede alcanzar hasta 250-300 L/s. Para valorar esta componente se cuenta con los registros de explotación por sector/mes desde 1973 hasta el 2007, lo que permite tener una idea aproximada de la explotación efectuada.

El régimen de explotación de la Cuenca no ha sido homogéneo en el tiempo, fue más intenso en las décadas del 70 y 80 y dentro del año hidrológico los meses con mayor extracción son abril, mayo y marzo. A continuación se detallan las principales irregularidades observadas en la explotación.

Sector CI-1: Reporta sobreexplotación en los períodos secos de 1973 y 1975, donde se excedió la extracción prevista en 3,3 hm^3 y 6,7 hm^3, respectivamente. Es posible que antes de 1973 se realizaran grandes explotaciones y no quedaran registradas.

Sector CI-2: Fue explotado intensamente en los períodos secos de 1970-1981, con una sobreexplotación en la etapa de más de 72 hm^3, el año 1975 fue particularmente crítico, con una explotación 4,6 veces lo previsto. Los totales anuales de explotación fueron excedidos en los años 1973-1976, 1978 y 1981; el año 1975 reporta la más alta explotación, con más de 12,9 hm^3 por encima de lo recomendado.

Sector CI-3: Estuvo sobreexplotado en el período 1975-1982, con record en 1976, cerca de 9,9 hm^3 por encima de lo aprobado. En los períodos secos 1976-1982 la explotación excedió lo recomendado en más de 31,6 hm^3, el año 1976 fue el más discordante, con más de 11,5 hm^3 por encima de lo establecido. En los período húmedo de los años 1975, 79 y 80 la explotación excedió lo aprobado, se destaca el año 1979 con cerca de $5\,hm^3$ de sobreexplotación.

Sector CI-4: No reporta explotación anual por encima de lo aprobado, pero no se cumple con la distribución por períodos hidrológicos; los períodos secos fueron explotados con más intensidad, en los años 1974-1977 y 1981 se excedieron lo autorizado, se destaca el año 1975 con más del doble de lo previsto.

Sector CI-6: Desde 1973 hasta finales de la década del 80 estuvo sobreexplotado, con un record de explotación anual en 1975, cerca de 2,2 veces el volumen aprobado. Se explota más en el período húmedo que en el seco; en el período seco se destacan los altos niveles de explotación de los años 1975-1977, 1980 y 1984; en los períodos húmedos, hasta 1986, solo los años 1976 y 1978 no reportan sobreexplotación.

Sector CI-7: La explotación generalmente se encuentra en los límites establecidos, solo los períodos secos 1974 y 1975 reportan extracciones mayores a lo autorizado.

Sector CI-9: La explotación en el tramo se encuentra en los límites establecidos, solo el período seco de 1976 reporta extracciones mayores a lo autorizado.

Sector CI-11: Generalmente reporta explotaciones entre los límites establecidos, solo los períodos secos 1975, 1976 y 1980 presentan extracciones mayores a lo autorizado.

Sector CI-15: En 1973 se produjo una explotación por encima de lo aprobado, es posible que esto sucediera desde algunos años antes pero no se tienen reportes.

Sector CI-16: La explotación informada está por debajo de lo real en el período 1975-1986, el descenso de la explotación reportada no se corresponde con lo observado en el campo, donde las áreas y el nivel de actividad se mantenían casi invariables.

Otra de las cuestiones que afecta la composición química del agua es la incorporación de determinadas sustancias químicas empleadas como fertilizantes y herbicidas que transforman su composición original y el modo en que interactúa con el medio rocoso.

III. METODOLOGÍA DESARROLLADA

La metodología hidrogeoquímica incluye los métodos y procedimientos de estudio que aseguren la obtención de información evidente, necesaria para dar solución rápida, correcta, eficiente y científicamente argumentada de las tareas planteadas; depende del carácter de los problemas que resuelve, de la complejidad y el grado de conocimiento de las condiciones naturales y de otros factores.

La metodología establecida durante la investigación hidrogeoquímica de la cuenca Costera Sur de Camagüey, notablemente afectada por los procesos de intrusión salina, emplea como herramientas fundamentales las técnicas estadísticas, los Sistemas de Información Geográfica y la modelación hidrogeoquímica inversa.

En el procesamiento estadístico de la información hidrogeoquímica se emplean el software Statgraphics Plus 5.0 diseñado por Statistical Graphics Corporation (1994 y 2000) y el software Statistica 4.5 de Statsoft (1993), ambos en ambiente de Windows.

La nueva metodología propone: analizar la información hidroquímica disponible y su precisión, analizar el comportamiento de los niveles hidróstaticos en el área, caracterizar el comportamiento de las variables hidrogeoquímicas y de las condiciones de potabilidad en el tiempo y el espacio, determinar los factores que condicionan la hidrogeoquímica en la Cuenca y valorar el proceso de mezcla agua dulce-agua salada.

3.1. Análisis de la información hidroquímica y su precisión.

Para interpretar correctamente los procesos que determinan las características de calidad del agua subterránea en la cuenca Costera Sur de Camagüey se hace imprescindible contar con suficiente información y realizar un adecuado tratamiento numérico de los datos, con este objetivo el INRH creó, a partir de la década del 70, una red de monitoreo hidroquímico y de niveles (en pozos distribuidos de forma relativamente homogénea) que quedó totalmente conformada a comienzos de la década del 80 y se mantiene hasta la actualidad.

La observación de los niveles en los pozos se realiza con frecuencia mensual, trimestral, semestral o anual; la observación hidroquímica, por su parte, contiene muestreo en la superficie de los pozos y en profundidad, con frecuencia semestral o anual. Se debe señalar que el diseñó de la red de pozos para el control de la composición química del agua en profundidad y su esquema de observación no se ajustan totalmente a los requerimientos, dadas las condiciones hidrogeológicas e hidrogeoquímicas existentes en la Cuenca.

Las muestras de agua subterránea recolectadas, según las normas establecidas (NC-93-02 de 1985), son conservadas y trasladadas al laboratorio, donde se realizan las mediciones de los contenidos de los macroconstituyentes y los parámetros químico-físicos fundamentales. Los análisis químicos de las muestras fueron realizados por la Empresa Provincial del INRH, mediante los métodos estándares (APHA, AWWA, WPCP, 1989). Para garantizar la precisión de los análisis químicos realizados a las muestras son empleados dos métodos de control; **método 1**: al comparar las sumas de aniones y cationes (en meq/L), la diferencia no debe exceder el 6%; **método 2**: al comparar la conductividad eléctrica real y la conductividad eléctrica teórica (calculada según Dudley, 1972) el error calculado $e = \frac{CE_T - CE_R}{CE_R} * 100$, no debe exceder el 10%.

En cada una de las muestras fueron determinados los macroconstituyentes (CO_3^{2-}, HCO_3^-, Cl^-, SO_4^{2-}, NO_3^-, Ca^{2+}, Mg^{2+}, Na^+, K^+), las SST, el pH y la conductividad eléctrica. Cuando se sobrepasan los errores permisibles, las muestras son desechadas. Como resultado de esta tesis se cuenta con la base de datos hidrogeoquímicos digitalizada de la Cuenca, en la superficie de los pozos, preparada en Excel (2003).

3.2. Análisis del comportamiento de los niveles hidrostáticos

En el estudio hidrogeoquímico de las cuencas cársicas costeras resulta de gran interés profundizar en el comportamiento de los niveles hidrostáticos, la explotación puede ocasionar descensos considerables de estos, en muchos casos por debajo del nivel medio del mar, lo que trae como consecuencia la salinización por intrusión marina.

3.3. Análisis del comportamiento de las variables hidrogeoquímicas en el tiempo

En el análisis del comportamiento de las variables hidrogeoquímicas en el tiempo se emplean los métodos estadísticos univariados. Estos métodos se usan para analizar el comportamiento, en cada pozo, de las variables hidrogeoquímica (estadística descriptiva), valorar la influencia del ciclo hidrológico y del régimen de explotación en su comportamiento (prueba de suma de rangos) y determinar si las variables hidrogeoquímicas ajustan su comportamiento a la ley de distribución Normal (prueba de la curtosis).

3.3.1. Prueba de suma de rangos

Los métodos no paramétricos no suponen conocimiento alguno acerca de las distribuciones de las poblaciones, excepto que estas sean continuas. Dentro de las pruebas no paramétricas se destaca la prueba U de suma de rango, como una alternativa no paramétricas de la prueba t bimuestral, conocida como prueba de Wilcoxon o prueba de Mann-Whitney. Esta prueba consiste en probar si dos poblaciones son las mismas, o si una probablemente produzca observaciones mayores que la otra (Miller et al., 2005a).

En el presente trabajo se implementa, por primera vez en estudios hidrogeoquímicos de acuíferos cársicos costeros afectados por la intrusión marina, la prueba de suma de rangos con el objetivo de probar si existen diferencias significativas en la composición química del agua, relacionadas con el ciclo hidrológico o el régimen de explotación.

Con el objetivo de valorar la influencia del ciclo hidrológico se debe seleccionar un grupo de pozos, en cada uno de los pozos las observaciones registradas deben ser separadas por períodos hidrológicos, lo que permite formar las Muestra I (fin seco) y Muestra II (fin húmedo), se determinan los estadísticos de ambas muestras y en los casos en que se detectan diferencias será necesario dar respuesta a la siguiente interrogante ¿son notables estas diferencias a un nivel de significación $\alpha = 0{,}01$?

Para dar respuesta a la interrogante expresada anteriormente, los datos de cada uno de los macroconstituyentes deben ser clasificados en orden creciente por su magnitud, se debe destacar a que muestra pertenecen; el lugar que ocupan en el ordenamiento se denomina rango, en caso de existir nexos entre valores pertenecientes a diferentes muestras, se le asigna a cada una de las observaciones la media de los rangos que tienen conjuntamente. Las sumas de los rangos de las muestras son W_1 y W_2. Las medidas de las dos muestras son n_1 y n_2.

Cuando n_1 y n_2 exceden 8, la distribución muestral de $U_1(oU_2)$, con $U_1 = W_1 - \frac{n_1(n_1+1)}{2}$, se aproxima a la distribución normal con media $\mu_{UI} = \frac{n_1 n_2}{2}$, y varianza $\sigma_{UI}^2 = \frac{n_1 * n_2(n_1 + n_2 + 1)}{12}$. En consecuencia, cuando n_2 es mayor que 20 y n_1 es al menos 9, se puede utilizar el estadístico $Z = \frac{U_1 - \mu_{UI}}{\sigma_{UI}^2}$ (Walpole et al. 2008a). La hipótesis nula se rechaza si: $Z < -2{,}575$ o $Z > 2{,}575$.

Cuando no se cumplen las condiciones expuestas anteriormente, para n_1 y n_2, se hace necesario emplear la tabla de valores críticos para la prueba de suma de rangos, dado el nivel de significación seleccionado, debe señalarse que los autores del trabajo no cuentan con la tabla de valores críticos para la prueba de dos colas, con $\alpha = 0{,}01$, por lo que se empleará para estimar el valor crítico de U_1 la interpolación entre los valores de U_1 para $\alpha = 0{,}002$ y $\alpha = 0{,}02$, en este caso se acepta la hipótesis nula cuando el valor calculado de U_1 es mayor que el valor crítico. Se plantean como hipótesis a contrastar:

H_0: El ciclo hidrológico no influye en la composición química del agua.

H_1: El ciclo hidrológico influye en la composición química del agua.

Para valorar si el régimen de explotación a que ha estado sometido el acuífero afecta la composición química del agua subterránea se procede a analizar, en cada uno de los pozos en estudio, las series de tiempo de los macroconstituyentes; si han ocurrido cambios en su comportamiento y si estos cambios se mantienen en el tiempo será necesario valorar si son apreciables a un nivel de significación $\alpha = 0{,}01$, para ello se propone diseñar la prueba de suma de rangos para los componentes mayoritarios del agua (HCO_3^-, Cl^-, Ca^{2+}, Mg^{2+}, Na^+) y las SST.

En cada uno de los pozos seleccionados se conforman dos muestras, la Muestra I constituida por las observaciones realizadas antes del cambio y la Muestra II con las observaciones después del cambio. La metodología de trabajo es similar a la descrita anteriormente. Las hipótesis a contrastar son las siguientes:

H_0: El régimen de explotación no influye en la composición química del agua.

H_1: El régimen de explotación influye en la composición química del agua.

3.3.2. Prueba de normalidad de una muestra

Con el objetivo de realizar predicciones y emplear correctamente distintas técnicas estadísticas, se analiza la posibilidad de ajustar el comportamiento de las variables hidrogeoquímicas a la distribución normal, para las variables aleatorias continuas la densidad de probabilidad normal es la más importante de las leyes de distribución. Para probar la normalidad de una distribución se propone realizar, por primera vez en un estudio hidrogeoquímico, una prueba basada en la esbeltez de la distribución (curtosis). En esta prueba se emplea la variable $Z_{curtosis} = \frac{Curtosis}{(24/N)^{1/2}}$. Se plantean como hipótesis:

H_0 : La variable cumple con la ley de distribución normal.

H_1 : La variable no cumple con la ley de distribución normal.

El valor de $Z_{curtosis}$ calculado se compara con el valor crítico para un nivel de significación de $\alpha = 0{,}01$, la hipótesis nula se rechaza cuando: $Z < -2{,}575$ o $Z > 2{,}575$. Sí el valor calculado cae en el área de aceptación de la hipótesis nula, entonces el gráfico de frecuencia se puede ajustar a la curva de distribución normal, por tanto se asume que la variable estudiada cumple con la ley de distribución normal.

3.4. Análisis del comportamiento de las variables hidrogeoquímicas en el espacio

En el estudio hidrogeoquímico de los acuíferos cársicos afectados por procesos de intrusión salina, por las experiencias y los resultados obtenidos, se hace imprescindible implementar el uso de algunos métodos, entre ellos se destacan: clasificación hidroquímica, índices, patrones, gráficos y mapas hidrogeoquímicos.

3.4.1. Clasificación hidroquímica del agua

La clasificación hidroquímica se basa en destacar el contenido de los iones más abundantes en el agua investigada. Existen varios métodos de clasificación propuestos por distintos autores (Aliókin, Shchoukariòv, Kurlov, entre otros). En este estudio se seleccionó el método propuesto por Kurlov, que toma en cuenta los iones que se encuentran en un porcentaje superior al 20%, del total de aniones o cationes.

3.4.2. Índices hidrogeoquímicos

En el estudio de los acuíferos cársicos afectados por la intrusión marina son ampliamente usados los índices hidrogeoquímicos y dentro de ellos se destacan las relaciones iónicas, que permiten caracterizar las propiedades hidrogeoquímicas de un acuífero y determinar si están afectadas por elementos ajenos al medio geológico. Para determinar el grado de contaminación salina, entre otros métodos, se utiliza la clasificación de Simpson que parte de la relación $Cl^- / (HCO_3^- + CO_3^{2-})$, en meq/L, y da lugar a la clasificación que aparece expresada en la tabla III.1 (Anexo III).

3.4.3. Patrones y gráficos de Stiff

El uso de relaciones matemáticas entre las concentraciones iónicas y la conductividad eléctrica se propone como base de un modelo de adquisición de la composición química del agua, lo que permite agrupar las muestras estudiadas en patrones, a partir de las relaciones entre ellas. La clasificación en patrones hidrogeoquímicos resulta de gran utilidad ya que permite agrupar muestras con diferente composición química y analizar posibles relaciones entre ellas, además proporciona una información cualitativa de los procesos que pueden estar influyendo sobre la composición de las mismas.

Otra de las formas más sencillas y útiles a la hora de caracterizar el agua es a través de los gráficos hidrogeoquímicos, en este sentido se destaca el diagrama propuesto por H. A. Stiff (1951), que consiste en un sistema de ejes horizontales paralelos y un eje vertical; a la izquierda del gráfico se ubican las concentraciones de los cationes ($Na^{+} + K^{+}$, Ca^{2+} y Mg^{2+}), a la derecha los aniones (Cl^{-}, HCO_3^{-} y SO_4^{2-}), en ambos ejes el ordenamiento es de arriba hacia abajo, expresadas en $\%meq/L$. A continuación se presenta como queda conformado el diagrama de Stiff (Fig. 3.1).

$Na^{+} + K^{+}$ ---------|--------- Cl^{-}

Ca^{2+} ---------|--------- HCO_3^{-}

Mg^{2+} ---------|--------- SO_4^{2-}

Figura 3.1. Esquema del diagrama propuesto por Stiff.

3.4.4. Mapas hidrogeoquímicos

Los mapas geográficos son representaciones reducidas, generalizadas y matemáticamente determinadas de la superficie terrestre sobre un plano, en las cuales se interpreta la distribución, el estado y los vínculos de los diferentes fenómenos analizados y caracterizados de acuerdo con los objetivos concretos del mapa. En Cuba se adopta para su serie de mapas topográficos la proyección cónica conforme de Lambert que tiene como elipsoide de referencia al Clarke 1866, con punto de origen en el Golfo de México.

En el marco de los avances alcanzados por la informática y las comunicaciones, la cartografía a escala mundial ha tenido un desarrollo complejo y versátil con la aparición y desarrollo de los Sistemas de Información Geográfica (SIG). En los SIG las bases de datos se organizan y almacenan en forma de tablas, campos y registros.

Entre los paquetes especializados en el trabajo con los SIG se destaca la familia del software Mapinfo en la versión 8.5, generada por Mapinfo Corporation (2006), para un ambiente Windows XP profesional o cualquier otro office compatible; es un sistema de naturaleza vectorial con grandes capacidades para la gestión de información y la cartografía, además de poseer determinadas capacidades para soportar el análisis espacial, que se han visto mejoradas mediante bloques de programas adicionales que se insertan dentro de su arquitectura y permiten desarrollar operaciones formato raster.

En el modelo raster el espacio se subdivide en celdas y la localización de los objetos geográficos se define por las filas y columnas de las celdas que ocupan. La base de esta extensión son los ficheros grid, considerados como el cuarto tipo de datos (además de los puntos, líneas y regiones). Mapinfo incorpora un nuevo módulo para el análisis de datos raster denominado Vertical Mapper (VM). Mapinfo implementa seis métodos de interpolación: Triangulación, Inverso de la distancia con ponderación, Vecino natural, Interpolación rectangular, Kriging, Estimación de puntos de fronteras.

Los mapas hidrogeoquímicos ofrecen valiosa información sobre las relaciones existentes entre la composición química del agua y las condiciones geológicas, así como físico-geográficas, cuando se superponen la litología, la red de drenaje y los diagramas con la composición química del agua (Fagundo, et al., 1996a).

Resulta de gran utilidad en la confección de los mapas el uso de las isolíneas, que no son más que líneas curvas que pasan por puntos con iguales valores para el índice cuantitativo que caracteriza al fenómeno cartografiado, permiten expresar la magnitud o la intensidad de fenómenos continuos que varían gradualmente en el espacio.

En este estudio se emplea la interpolación por el método de kriging, por ser considerado el mejor estimador lineal no sesgado (De la Mora et al., 2004), que convierte los datos generados en superficies continuas. Los valores asignados a las celdas son calculados a partir de puntos de datos sin un radio de búsqueda especificado, estos puntos son ponderados basados en la distancia y orientación geográfica de las celdas, se usa un semivariograma para obtener ramas direccionales. En la confección de los mapas de esta tesis, mediante Mapinfo, fueron tomados en consideración los aspectos señalados.

3.5. Condiciones de potabilidad y factores que determinan la hidrogeoquímica

Se emplean técnicas estadísticas multivariantes en el análisis de las condiciones de potabilidad (análisis cluster) y en la determinación de los factores que condicionan la hidrogeoquímica en la Cuenca (análisis factorial clásico).

Los métodos multivariados son la rama de la estadística y del análisis de datos que estudia, interpreta y elabora material estadístico sobre la base de $p > 1$ variables que pueden ser cualitativas, cuantitativas o la mezcla de ambas (Mallo, 1985). Deben reducir al máximo la subjetividad y los a priori, el modelo debe seguir a los datos y no al revés. Su aplicación está relacionado con la variación de algunas de las características del espacio evidencias, pretende explicar la variación conjunta o sincronizada, más o menos intensa, lo que permite medir el grado de asociación entre variables. Pueden ser empleados si se cumple: aleatoriedad de la muestra, que las variables sean independientes en sentido estocástico y que ninguna de las variables implicadas en el análisis tenga importancia superior a las demás.

3.5.1. Análisis de cluster

Las técnicas de agrupación se emplean con el objetivo de identificar grupos de elementos de composición relativamente homogénea, a partir del estudio de las regularidades correspondientes al conjunto de atributos usados para su descripción (Alfonso, 1989). Estos métodos emplean procedimientos automáticos destinados a determinar clases de individuos (cluster) lo más semejante posible. Los cluster son los subconjuntos de individuos del espacio de representación que pueden ser identificados por ciertas zonas del espacio donde existe una gran densidad de individuos y que en la zona del espacio que separa estos subconjuntos existe una baja densidad de puntos.

Dentro de los métodos más usados de agrupación se encuentra el de las K-medias, que consiste en mover, en cada paso, un punto de un cluster a otro, en cada paso se ejecuta el mejor de los movimientos, el procedimiento termina cuando no se produce mejora. Este método permite realizar la agrupación en forma de nube de puntos alrededor del centro de gravedad, que se corresponde con el individuo medio. En esta tesis se empleará la agrupación en cluster mediante el método de las K-medias.

3.5.2. Análisis factorial clásico

El análisis factorial clásico se basa en el reordenamiento o reducción del espacio evidencia, lo que da lugar a componentes o factores que pueden tomarse como variables causales de acuerdo a las interrelaciones existentes entre las variables observadas. Este análisis se basa en la propiedad de la correlación (Bouza y Sistachs, 2004). La muestra sometida a este análisis debe cumplir las condiciones de normalidad, homocedasticidad y linealidad.

En el análisis factorial clásico se parte de haber realizado observaciones de las variables medibles y se busca lograr un nuevo sistema de atributos, calculados a partir de los ya existentes, que satisfagan los siguientes requisitos: sean independientes entre sí; sí entre todos los atributos existen algunas relaciones, el número de variables del nuevo sistema debe ser menor que el que existía; el nuevo sistema de variables se obtiene a partir de una relación lineal homogénea de los atributos originales.

Los factores se determinan de modo que expliquen la mayor varianza de la población, se calcula también la contribución de cada variable antigua a cada nuevo factor y el coeficiente de cada muestra respecto a las nuevas variables. Cada una de las nuevas variables es linealmente independiente y la varianza explicada es progresivamente menor, por lo general, cuatro ó cinco factores suelen explicar la mayor parte de la varianza de la población (entre 70-80$\%$). Se recomienda retener únicamente aquellas componentes cuya varianza (λ_i) sea mayor que uno, esto se basa en el hecho de que cualquier factor debe representar más variación que las variables originales estandarizadas, aunque en la práctica muchas veces se retienen factores cuyos valores propios sean aproximadamente igual a uno, aunque menor que él.

En este análisis debe realizarse la rotación de los ejes para lograr la máxima variabilidad de los factores, mejorar la interpretación de la matriz factorial y reducir el nivel de ambigüedades; el nuevo sistema de ejes factoriales, que se corresponde con una matriz factorial de estructura simple, deberá presentar carga lo más cercana posible a uno o a cero, respectivamente. Sí las nuevas variables van a estar no correlacionadas debe realizarse una rotación ortogonal, la más popular es la llamada Varimax que persigue los siguientes objetivos: simplificar las columnas de la matriz factorial, alcanzar la máxima simplificación posible de las columnas de la matriz factorial y maximizar la suma de las varianzas de las cargas requeridas de la matriz de factores.

3.6. Proceso de mezcla agua dulce-agua salada

En la valoración del proceso de mezcla agua dulce-agua salada se emplea la modelación hidrogeoquímica inversa que emplea un modelo de balance de masas y mezcla de agua.

3.6.1. Modelación Hidrogeoquímica inversa

La modelación hidrogeoquímica inversa fue desarrollada como una estrategia determinista para la interpretación de la composición química del agua subterránea. Consiste en utilizar los datos del sistema (mineralogía, composición de gases, físico-químicos) para determinar: qué reacciones químicas han ocurrido, en qué medida han tenido lugar, las condiciones bajo las cuales ocurrieron, cómo cambiará la calidad del agua en respuesta a los procesos naturales y a las perturbaciones del sistema.

A partir de información obtenida en la clasificación del agua en patrones hidrogeoquímicos y dos muestras referencias, se determina que proporción de cada una de muestras interviene en la conformación del patrón.

A continuación se describen los programas usados en esta tesis para desarrollar la modelación hidrogeoquímica inversa.

El sistema automatizado BATOMET (Vinardell et al., 2001) se elaboró sobre la base de las relaciones matemáticas entre las concentraciones iónicas y la conductividad eléctrica. Este programa ha sido muy usado en la caracterización y control de los acuíferos cársicos afectados por los procesos de intrusión salina. Es un sistema que agrupa los datos en patrones hidrogeoquímicos (mediante relaciones iónicas) y luego, para cada patrón, determina la relación entre la concentración de cada ión y la conductividad eléctrica; programa los rangos de conductividad eléctrica correspondientes a los diferentes patrones, se estiman entonces las concentraciones.

HIDROGEOQUIM es un sistema implementado en Windows, su objetivo es procesar datos hidroquímicos con vistas a encontrar las propiedades químico-físicas del agua, que permitan su caracterización desde el punto de vista hidroquímico y obtener relaciones o índices hidrogeoquímicos que faciliten la interpretación de los procesos de interacción del agua con el medio físico-geográfico y geológico por donde se mueven; conseguir información de carácter hidrológico e hidrogeológico y evaluar la variación temporal de diferentes variables, brinda información sobre el drenaje en la cuenca.

El software MODELAGUA, desarrollado en BORLAND DELPHI 4 sobre Windows, permite determinar el origen de la composición química del agua mediante modelos de balance de masa y mezcla de agua, así como precisar los procesos geoquímicos que originan dicha composición. Este programa permite graficar tanto los datos reales como los patrones mediante diagramas de Stiff (Fagundo-Sierra et al., 2001) y calcular el porcentaje de agua de mar en la mezcla agua dulce-agua de mar. El primer paso en el cálculo es la determinación del factor de concentración o el factor de mezcla según el caso, para lo cual es necesario seleccionar un ión conservativo, posteriormente se calcula el delta iónico y finalmente, determina los procesos geoquímicos que explican la composición química del agua y su cuantía.

IV. RESULTADOS Y DISCUSIÓN

En el presente capítulo se pretende mostrar los resultados de la investigación hidrogeoquímica en la cuenca Costera Sur de Camagüey, dada la elaboración de la información que por más de 27 años ha recopilado el INRH en la provincia.

4.1. Información hidroquímica en la Cuenca

Después de examinar la cantidad y calidad de la información hidroquímica en la superficie de los pozos se seleccionaron para el estudio 77 pozos de observación, que tienen la característica de poseer los mayores record de observación y una distribución espacial más o menos homogénea. Fueron analizadas 1931 muestras de agua, 39 de ellas presentan un error mayor al permisible, por lo que fueron desechadas.

Para esta investigación se consideraron 1892 muestras, recolectadas entre los años 1981 y 2007, en la tabla IV.1 (Anexo IV) se presentan los pozos seleccionados por subcuencas, su profundidad total (PT), coordenadas geográficas, intervalo de tiempo de las observaciones y número de muestras tomadas por período hidrológico.

4.2. Comportamiento de los niveles hidrostáticos en la Cuenca

En la Cuenca fueron tomados en cuenta los niveles hidrostáticos reportados en 73 de los pozos en estudio (con excepción de los pozos 3999, B7-SM, B9-SM y 9270), en el período de 1981 al 2007. En la tabla IV.2 (Anexo IV) se presentan los record máximos y mínimos reportados (nivel y cota), la fecha de la observación y la amplitud de variación.

Los pozos de la subcuenca Florida presentan grandes variaciones en los niveles hidrostáticos reportados, las cotas máximas llegan a sobrepasar la cota del terreno y las cotas mínimas pueden encontrarse por debajo del nivel medio del mar. La mayoría de los pozos (excepto el 7915, 10844, 11606, B10-F, 7910, 357 y 11659) han registrado niveles por debajo del nivel medio del mar, asociados, fundamentalmente, a la intensa explotación de la década de los años 80 y a eventos climáticos extremos (sequía de 1986-1987). En los pozos ubicados cerca de la línea costera la amplitud de variación de los niveles hidrostáticos oscila entre 3 y 5m, tierra adentro crece esta amplitud, hasta los límites de la cuenca en que se alcanza alrededor de 10m. Los pozos 680 y 674, ubicados en zonas muy bajas, al terminar el período lluvioso de 1999 reportaron los niveles más altos en la subcuenca, por encima de la cota del terreno.

En la subcuenca Vertientes, usualmente, los pozos reportan cotas de agua por encima del nivel medio del mar, solo cuatro pozos (11683, 5758, 10430 y 10499) han reportado cotas por debajo de este valor; se destacan por sus descensos los pozos 10430 y 10499 (2,48m y 3,35m por debajo del nivel medio del mar). Los niveles máximos en los pozos se asocian, generalmente, a las grandes lluvias del período lluviosos de 1988.

En la subcuenca Sierra Maestra los niveles hidrostáticos varían desde cotas por encima del terreno (pozo B3-SM) hasta cotas por debajo del nivel medio del mar (pozo L1-SM). La amplitud de variación de los niveles oscila de poco más de un metro (en pozos ubicados cerca de la costa) hasta alrededor de 4m (en pozos ubicados tierra adentro); el pozo 5672 presenta una amplitud de variación anómala, al exceder los $8m$ (8,51).

Los pozos de la subcuenca Najasa reportan niveles hidrostáticos por encima del nivel medio del mar, los niveles máximos están asociados, generalmente, a los períodos lluviosos de los años 1981 y 1995; el período seco del 2005 coincide en muchos pozos como el período crítico en el descenso de los niveles. La amplitud de variación de los niveles va desde decenas de centímetros hasta poco más de una decena de metros.

4.3. Comportamiento de las variables hidrogeoquímicas en el tiempo

Algunos pozos de la Cuenca han sufrido cambios apreciables en sus características hidrogeoquímicas, pero estos cambios no han sido siempre de igual magnitud o sentido, ni han ocurrido simultáneamente en todas las áreas. Son varios los factores que pueden influir en este comportamiento, tanto naturales como antrópicos, en el presente acápite se valora la influencia del ciclo hidrológico y el régimen de explotación, así como el ajuste de las variables hidrogeoquímicas a la distribución normal.

4.3.1. Influencia del ciclo hidrológico

En algunos pozos de la Cuenca, al comparar las observaciones de períodos hidrológicos sucesivos, se aprecia cierto nivel de variabilidad en el comportamiento de las variables hidrogeoquímicas; a modo de ejemplo se presenta en la figura 4.1 las series de tiempo del ión Cl^- y las SST del pozo B4-N.

Para valorar si el ciclo hidrológico influye notablemente en la composición química del agua subterránea fueron seleccionados 34 pozos en estudio; al comparar los valores medios de los macroconstituyentes fundamentales del agua (HCO_3^-, Cl^-, Ca^{2+}, Mg^{2+}, Na^+) y las SST de estos pozos, para los distintos períodos hidrológicos, se observa que al finalizar el período seco es más alto que al terminar el período húmedo, pero al aplicar la prueba de suma de rangos solo seis pozos presentan diferencias notables.

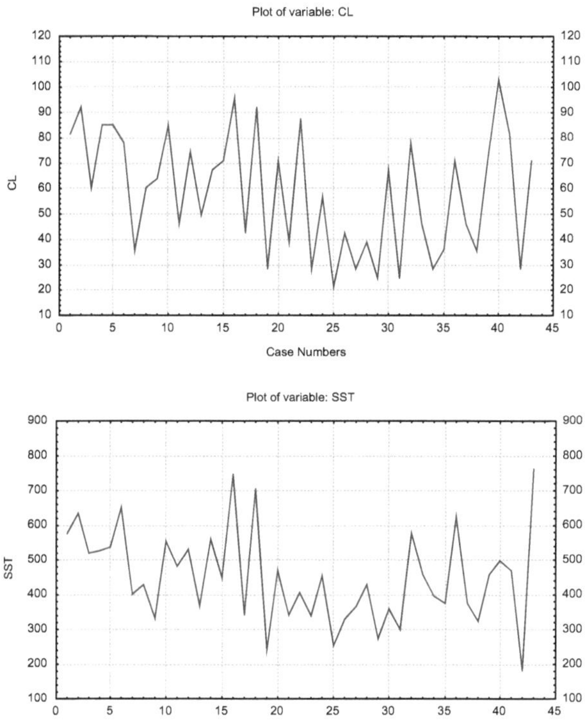

Figura 4.1. Series de tiempo de Cl^- y SST del Pozo B4-N.

En las tablas IV.3a y IV.3b (Anexo IV) se presentan los pozos en que se rechaza la hipótesis nula y los valores de Z y U_1 asociados. Al analizar la ubicación geográfica de los pozos destacados en esta prueba se debe señalar que corresponde con zonas intensamente explotadas o cerca de la zona costera. En la tabla IV.4 (Anexo IV) se presenta la relación $muestraI / muestraII$ de los pozos con diferencias notables, pero estas diferencias no son tales que impidan tratar la información como una muestra única.

A modo de conclusión se debe plantear que los macroconstituyentes fundamentales del agua y las SST, como promedio, al finalizar el período seco alcanzan valores más altos que al finalizar el período húmedo, pero su diferencia, según la prueba de suma de rangos para $\alpha = 0{,}01$, es no significativa, por lo que se asume que los procesos que traen consigo el incremento de los contenidos de los distintos macroconstituyentes del agua se encuentran en equilibrio dinámico con los procesos de precipitación.

4.3.2. Influencia del régimen de explotación

El régimen de explotación del agua subterránea en la Cuenca ha sufrido cambios en el tiempo, después de la intensa explotación de las décadas del 70 y 80, en la década de los 90, con la llegada del período especial, se produjo una drástica reducción de la explotación en las subcuencas Vertientes, Sierra Maestra y Najasa, mientras que algunos sectores de las subcuencas Florida y Vertientes fueron explotados con mayor intensidad.

En algunos pozos de la Cuenca, al estudiar las series de tiempo de las variables hidrogeoquímicas, se observan cambios en su comportamiento que guardan relación con cambios en el régimen de explotación en áreas cercanas a su ubicación; como ejemplo se tiene el pozo B3-N que muestra grandes variaciones del ión Cl^- y las SST a partir de octubre de 1993 (Fig. 4.2), vinculadas a cambios en el volumen de las extracciones en el área; el valor medio del contenido del ión Cl^- en la primera etapa era de 305,1 mg/L, luego descendió hasta 99,6 mg/L, por su parte el valor medio de las SST disminuyó de 1 040 mg/L a 525 mg/L.

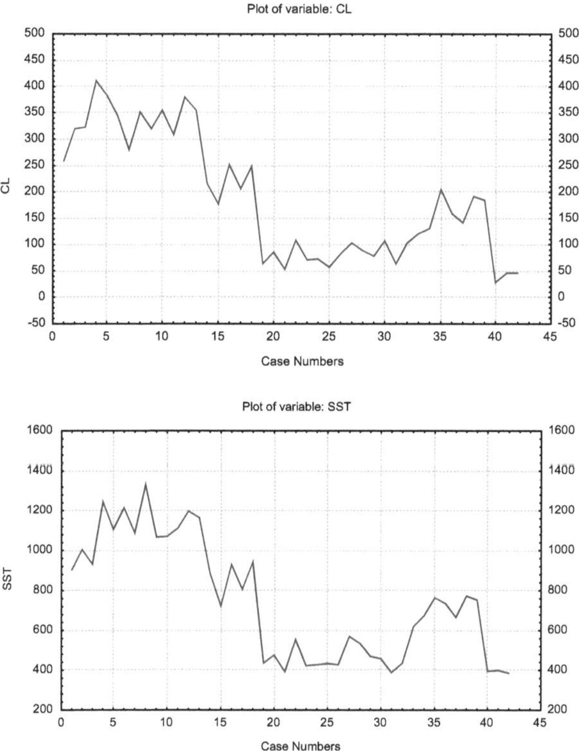

Figura. 4.2. Series de tiempo de Cl^- y SST en el pozo B3-N.

Para estudiar las variables hidrogeoquímicas en el tiempo fueron seleccionados 53 pozos, donde se pudo observar que algunos de ellos manifiestan cambios, generalmente asociados en fecha a cambios en el régimen de explotación en el área en que se encuentran ubicados. Con el objetivo de valorar si el régimen de explotación influye en la composición química del agua, para $\alpha = 0{,}01$, se diseñó la prueba de suma de rangos para los componentes HCO_3^-, Cl^-, Ca^{2+}, Mg^{2+}, Na^+ y las SST.

En cada uno de los pozos se realizaron varios ensayos en la conformación de la Muestra I y Muestra II, hasta determinar la estructura que logra maximizar los valores de Z o minimizar los valores de U_1, lo que permite precisar el momento del cambio de régimen de explotación. En las tablas IV.5a y IV.5b (Anexo IV) se dan a conocer los pozos en que se rechaza la hipótesis nula y los valores de Z y U_1 asociados.

En la tabla IV.6 (Anexo IV) se presenta la relación entre las medias ${}^{muestraI}\!/_{muestraII}$, en mg/L, de los pozos que muestran diferencias notables en su comportamiento. Al detallar como se manifiesta esta relación por subcuencas se debe señalar que en algunos sectores de Florida y Vertientes se presenta un aumento considerable de los contenidos de la Muestra II, respecto a la Muestra I, con valores de la relación en el orden de 0,27 a 0,81; las restantes áreas del acuífero, las más extensas, manifiestan un descenso considerable en los contenidos de los macroconstituyentes, lo que ha determinado que la relación fluctúe entre 1,12 y 3,06.

Los pozos que no muestran diferencias notables en su comportamiento se encuentran ubicados en áreas tranquilas (con muy baja explotación y alejados de la costa) o en áreas con alta explotación (homogénea en el tiempo). Como casos excepcionales se tienen los pozos L2-N y 761 que presentan más de un cambio en su comportamiento.

A modo de conclusión se debe señalar que en la Cuenca los cambios en el régimen de explotación han determinado cambios apreciables en la composición química del agua, sí bien estas variaciones no han sido homogéneas en toda la cuenca, sí existe una marcada tendencia a la disminución de los contenidos de los componentes mayoritarios del agua y las SST, vinculada a las limitaciones en el riego, lo que ha favorecido un notable retroceso de la intrusión salina.

4.3.3. Ajuste de las variables hidrogeoquímicas a la distribución normal

Con el interés de realizar predicciones acerca del comportamiento de las principales variables hidrogeoquímicas (HCO_3^- ,Cl^- ,Ca^{2+} ,Mg^{2+} ,Na^+ y las SST) se prueba ajustar su comportamiento al modelo de distribución normal, con el empleo de la prueba de la curtosis, a través de la variable $Z_{curtosis}$. De los 50 pozos considerados, alrededor del 90% de ellos ajustan sus variables a la distribución normal.

Los pozos con variables que desvían su comportamiento de la normalidad se encuentran afectados por condiciones hidrológicas extremas o sobreexplotación. Las condiciones hidrológicas extremas se dieron en el período seco de 1987, después de una intensa sequía de más de dos años, asociada a altos niveles de explotación. La sobreexplotación provoca la pérdida de la normalidad de las variables, sí se mantiene este régimen en el tiempo, se alcanzan nuevas condiciones de normalidad (Fig. 4.3).

Figura 4.3. Pérdida de la normalidad de las variables hidrogeoquímicas.

En la tabla IV.7 (Anexo IV) se describen los macroconstituyentes, las SST y la relación de Simpson de los pozos en estudio, a través de los estadígrafos fundamentales.

4.4. Comportamiento de las variables hidrogeoquímicas en el espacio

En la cuenca Costera Sur de Camagüey se ha observado un alto nivel de variabilidad espacial en el comportamiento de las variables hidrogeoquímicas y en el cumplimiento de las condiciones químicas de potabilidad establecidas.

4.4.1. Caracterización hidrogeoquímica de la Cuenca

Los mapas hidrogeoquímicos permiten profundizar en el comportamiento espacial de las variables hidrogeoquímicas; como resultado de esta tesis, se cuenta hoy con los mapas hidrogeoquímicos de la cuenca Costera Sur de Camagüey (de valores medios) en SIG, a escala 1: 250 000, de gran utilidad al tomar decisiones sobre el manejo de sus recursos hídricos subterráneos: mapa de isosales (Fig. IV.1, Anexo IV), fueron trazadas las isolíneas 500, 1 000, 2 000 y 3 000 mg/L; mapa de isoclora (Fig. IV.2, Anexo IV) fueron trazadas las isolíneas a intervalo de 100 mg/L, hasta la isoclora 500 mg/L; mapa de relación $Cl^-/(HCO_3^- + CO_3^{2-})$ (Fig. IV.3, Anexo IV), fueron trazadas las isolíneas según la clasificación propuesta por Simpson (0,5, 1,3, 2,8 y 6,6).

En la Cuenca los contenidos de SST varían desde poco menos de 500 mg/L hasta más de 6 300 mg/L, el ión Cl^- desde valores menores de 100 mg/L hasta valores por encima de 900 mg/L, la relación de Simpson desde valores inferiores a 0,5 hasta 18,4. El tipo de agua más frecuente, según Kurlov, es hidrogenocarbonatada clorurada cálcica magnésica (Tab. IV.8, Anexo IV).

A continuación se profundiza en la hidrogeoquímica del área, por subcuencas.

Subcuenca Florida

El agua subterránea de la subcuenca presenta contenidos de SST que varían desde menos de 500 mg/L hasta cerca de 1 000 mg/L; los valores más altos se manifiestan en áreas próximas a la costa o zonas intensamente explotadas, las demás áreas alcanzan valores inferiores a 500 mg/L. Según el contenido de Cl^-, el agua cumple con las condiciones de potabilidad establecidas por las Normas Cubanas, la isoclora más alta presente es la 100 mg/L, los valores más elevados de Cl^- están relacionados a áreas costeras o de intensa explotación (cerca del 10% del área total), las demás áreas presentan contenido por debajo de 100 mg/L; la isoclora 100 mg/L ha sufrido desplazamientos en el tiempo, asociados a cambios en el régimen de explotación.

El agua, según el criterio de Simpsom, es mayormente de tipo normal, aunque algunos pozos muestran ligera o moderada contaminación con agua de mar. Los pozos en la zona costera o de mayor explotación (399, 710, 11674, 11606, 11674, L1-F, B1-F y 680) manifiestan diferencias en el comportamiento de la relación de Simpson en los distintos períodos hidrológicos; las series de tiempo de esta relación presentan las siguientes tendencias: descenso, algunos pozos, que hasta los años 93-95 presentaban agua ligera o moderadamente contaminada con agua de mar, mejoraron en su calidad, en muchos casos hasta alcanzar agua de tipo normal; ascenso, algunos pozos que poseían agua de tipo normal, a partir de los años 95-97 comenzaron a estar ligera o moderadamente contaminados con agua de mar.

El tipo de agua más frecuente en la subcuenca, según el criterio de Kurlov, es hidrogenocarbonatada clorurada cálcica magnésica; en áreas cercanas a la línea costera o con altos niveles de explotación se registra agua del tipo clorurada hidrogenocarbonatada cálcica magnésica sódica; en áreas alejadas de la costa y con bajos niveles de explotación (pozos 10844, 7915, 11606, 374 y 7910) se presenta agua con porcentaje muy bajo de Cl^- y contenidos variables de los cationes Ca^{2+} y Mg^{2+}, por lo que suelen ser de los tipos hidrogenocarbonatada cálcica magnésica o hidrogenocarbonatada magnésica cálcica. En el pozo L1-F se reporta altos contenidos de NO_3^-, como resultado de la contaminación con desechos de la actividad ganadera.

Subcuenca Vertientes

En la subcuenca se presentan las isolíneas de SST (valores medios) 500 y 1 000 mg/L. Cerca de la zona costera o de intensa explotación las concentraciones medias de SST sobrepasan los 500 mg/L. Algunos pozos (506, 5765, 742, 11683, B3-V y B8-V) en determinado momento de su observación han alcanzado valores de SST superiores a 1 000 mg/L, como caso extremo se tiene el pozo 11704, que manifiesta en todas sus observaciones valores superiores a 1 000 mg/L, e incluso, ocasionalmente, supera los 1 500 mg/L. En el área central de la subcuenca los pozos reportan concentraciones medias de SST inferiores a 500 mg/L.

La media del contenido de Cl^-, generalmente, no sobrepasa los 100 mg/L, aunque en áreas cercanas a la costa o de intensa explotación se reportan valores algo mayores. Dos pozos manifiestan marcadas diferencias en relación a lo descrito anteriormente: en el 11704 la media de los Cl^- excede los 300 mg/L; el B11-V reporta grandes variaciones del ión Cl^- en el tiempo, si bien la media es inferior a 100 mg/L, a partir de 1997 ocasionalmente presenta valores por encima de 200 mg/L.

La relación de Simpson en la subcuenca, generalmente, presenta valores menores de 0,5, por lo que el agua es mayormente de tipo normal; cerca de la zona costera (pozos 11683, 11605, 5765, B3-V y B8-V) o de alta explotación (pozos 742 y 11704), el agua llega a mostrar ligera o moderada contaminación con agua de mar.

En la subcuenca el agua más frecuente es hidrogenocarbonatada clorurada cálcica magnésica, aunque en algunos pozos se observa un alto nivel de variabilidad en la proporción de los cationes, lo que determina la existencia de distintos tipos de agua. Los pozos 9033, B6-V y 506, que hasta 1995 presentaban agua del tipo hidrogenocarbonatada cálcica magnésica, actualmente muestran agua del tipo hidrogenocarbonatada clorurada cálcica magnésica. En las zonas poca explotadas la proporción de Cl^- es muy baja, por lo que el agua es del tipo hidrogenocarbonatada cálcica magnésica o hidrogenocarbonatada magnésica cálcica.

Subcuenca Sierra Maestra

En la subcuenca el contenido medio de SST, generalmente, se encuentra entre 500 y 1 000 mg/L, en la parte central no excede los 500 mg/L, cerca de la costa o en zonas de alta explotación puede ser mayor (los pozos B1-SM y B9-SM rebasan los 1 500 mg/L). El contenido medio de Cl^-, generalmente, no excede los 100 mg/L, solo los pozos B1-SM, B9-SM y 9270 sobrepasan las CMA. El pozo B1-SM presenta valores muy altos de Cl^-, en mayo de 1993 reportó un máximo de 1 420 mg/L, a partir de 1996 comienza a disminuir, hasta la actualidad en que varía entre 600 y 800 mg/L; el pozo B9-SM se encuentra en un área intensamente explotada, en él los altos contenidos de Cl^- se asocian a elevadas concentraciones de SO_4^{2-}.

La relación de Simpson presenta alto nivel de variabilidad: en áreas próximas a la costa el agua puede estar moderada o bastante contaminada por la intrusión salina; tierra adentro esta relación disminuye notablemente y el agua es de tipo normal, aunque, ocasionalmente, puede manifestar ligera contaminación con agua de mar.

El pozo B1-SM presenta valores anómalos de la relación de Simpson que no serán tomados en cuenta.

El tipo de agua más frecuente es hidrogenocarbonatada clorurada, con contenidos muy variables de los cationes Ca^{2+}, Na^{+} y Mg^{2+}. Cerca de la zona costera el agua es de tipo clorurada, tierra adentro comienza a aparecer agua de tipo clorurada hidrogenocarbonatada y persiste la alta variabilidad en los cationes.

Subcuenca Najasa

En la subcuenca el contenido de SST varía considerablemente, en áreas próximas al límite costero oriental se presentan los valores más elevados, el pozo B10-N presenta el mayor valor medio, cerca de 3 200mg/L, y en observaciones aisladas ha superado los 6 200mg/L; en la medida en que el punto de medición se aleja de la costa desciende el contenido de SST hasta alcanzar las condiciones de potabilidad establecidas. La posición de la isolínea 1 000mg/L ha retrocedido en el tiempo (hacia la costa), debido a la mejora progresiva de la calidad del agua en poco menos de dos décadas.

El agua de la subcuenca contenidos medios de Cl^{-} muestra con altos niveles de variabilidad, en áreas cercanas a la zona costera puede sobrepasar ampliamente las CMA; los pozos B10-N, B8-N, B6-N y 613 presentan los valores más elevados (seis, tres, dos y dos veces las CMA, respectivamente), el pozo 613 muestra, a partir 1993, descensos considerables de los valores reportados, comportamiento que se extiende a los pozos 611, B3-N y B4-N. En el centro de la subcuenca los contenidos del ión Cl^{-} descienden hasta valores inferiores a 100mg/L.

La relación de Simpson indica que algunas áreas han estado bastante o altamente afectadas por la intrusión marina, los pozos B10-N y B8-N reportan las situaciones más críticas. Los pozos B7-

N, B6-N y 613, más alejados de la costa, presentan un grado de contaminación menor, por lo que llegan a presentar agua moderada o ligeramente contaminada con agua de mar. Los pozos B3-N y 611, en la medida en que descendía la explotación, muestran una disminución en la contaminación con agua de mar; en los años 80 presentaban contaminación moderada, a finales de los 90 pasó a ser ligeramente contaminada, hasta que a mediados de la década del 2000 llegaron a manifestar agua de tipo normal, con valores de la relación inferior a 0,5. En la parte central de la subcuenca, hasta sus límites, el agua es generalmente de tipo normal.

Los pozos de la subcuenca presentan agua de composición química muy diversa, en la cercanía a la zona costera, generalmente, son de tipo clorurada, en la medida en que se avanza tierra a dentro, el agua es de tipo clorurada o clorurada hidrogenocarbonatada con porcentajes de los cationes muy variables. A partir de principios de la década del 90 los porcentajes de los aniones cambian drásticamente y muchos de los pozos comienzan a presentar agua de tipo hidrogenocarbonatada clorurada. Áreas alejadas de la zona costera o poco explotadas, presentan agua de tipo hidrogenocarbonatada clorurada, con contenidos variables de los cationes. En los límites del acuífero, o fuera de las áreas de explotación, el agua llega a ser de tipo hidrogenocarbonatada cálcica sódica o hidrogenocarbonatada cálcica magnésica.

4.4.2. Condiciones de potabilidad

Al comparar los valores medios de los macroconstituyentes y las SST, en los pozos en estudio, se observan grandes diferencias, incluso entre pozos con relativa cercanía geográfica. El nivel de heterogeneidad observado impide describir de forma general las características de potabilidad en la Cuenca, por lo que se propone formar grupos de pozos más homogéneos, mediante el análisis cluster, por el método de las K-medias.

Con el objetivo de determinar el número de grupos existentes fueron analizadas diferentes agrupaciones, de las estructuras ensayadas (dos, tres, cuatro, cinco, cluster) la agrupación en tres cluster muestra mayor homogeneidad en los grupos formados.

Clasificación en tres cluster

En esta clasificación los pozos quedan agrupados de la siguiente forma: Cluster 1: pozos B10-N y B9-SM; Cluster 2: pozos 11704, 9270, B1-SM, B8-N, B6-N y 613; Cluster 3: los 69 pozos restantes. A continuación se analizan los cluster formados.

Cluster 3

Los pozos del cluster presentan valores medios de los macroconstituyentes y las *SST* por debajo de las CMA, con excepción del B11-SM, en que se exceden las *SST* cerca del 17%. La tabla VI. 9 (Anexo IV) muestra los principales estadísticos del cluster.

Al detallar en las muestras tomadas en cada uno de los pozos del cluster, se pudo comprobar que 55 de ellos presentan, en todas sus observaciones, macroconstituyentes y *SST* por debajo de las CMA e incluso en muchos de ellos no se exceden las CMD, la relación de Simpson generalmente estás por debajo de 0,5, propio de agua normal. El análisis anterior permitió conocer que 14 pozos del cluster en algún momento de su observación han reportado pérdida de alguna de las condiciones químicas de potabilidad, con relación de Simpson entre 0,5 y 1,3, lo que denota que han estado afectados por ligeros procesos de intrusión salina.

A continuación se señalan donde y cuando se han sobrepasadas las CMA:

- pozo 710, en abril de 1987 las SST y en el período 1990-1991 el ión Cl^-;
- pozo B11-V, en mayo de 1999 el ión Cl^-;
- pozo 506, en abril de 1987 las SST y octubre del 2001 el ión Cl^- y las SST;
- pozo 5765, en abril de 1983 el ión Cl^-;
- pozo 742, en abril de 1989 los iones Cl^-, Na^+ y las SST;
- pozo 11683, en octubre de 1999 y abril del 2005 el ión Cl^-y las SST, en abril del 2001 el ión Cl^-;
- pozo B3-V, en abril de 1982 el ión Cl^-;
- pozo B8-V, en octubre del 2005 el ión Cl^- y las SST;
- pozo B3-N, desde abril de 1985 hasta octubre de 1990 el ión Cl^- y las SST;
- pozo 10270, en abril de 1987 y octubre de 1988 el ión Cl^-, en abril de 1985, abril de 1986 y octubre de 1987 las SST;
- pozo B11-SM, en abril de 1987 el Cl^-, en octubre de 1986 el Na^+y todas las SST;
- pozo 5672, en abril de 1987 el ión Cl^-;
- pozo 611, algunos de los valores del ión Cl^-y las SST hasta abril de 1990;
- pozo B7-N, en diversas ocasiones los iones Cl^-, Na^+ y las SST.

El análisis anterior permite identificar el ión Cl^-y las SST como las variables que con mayor frecuencia se presentan por encima de las CMA, los pozos B3-N, 611, B7-N y B11-SM son los casos más críticos en el mantenimiento de las condiciones químicas de potabilidad, dado por el hecho de que por muchos años presentaron agua no potable y a partir de inicios de la década del 90 mejoraron considerablemente en su calidad.

A modo de conclusión se debe plantear que en el cluster se agrupan pozos que poseen agua con propiedades químicas adecuadas para el uso que tienen destinado, lo que permite clasificarla como **agua potable**.

Cluster 2

Los pozos que conforman el cluster presentan elevados contenidos medios del ión Cl^-, de 1,5 a 4 veces las CMA, el Na^+ generalmente se encuentra alrededor de las CMA (en algunos pozos por encima y en otros por debajo) y las SST llegan a ser entre 1,1 y 1,5 las CMA, la tabla IV.10 (Anexo IV) muestra los principales estadísticos del cluster.

Los pozos del cluster, generalmente, presentan relación de Simpson en el intervalo de 1,3 a 2,8, por lo que el agua muestra moderada contaminación con agua de mar, como caso excepcional se tiene el pozo B1-SM que presenta un nivel de contaminación alto.

A continuación se señalan los momentos y los macroconstituyentes en que se han sobrepasado las CMA:

- pozos 11704 y B8-N, todas las observaciones los iones Cl^-, Na^+ y las SST;
- pozos B6-N, todas las observaciones las concentraciones del ión Cl^- y las SST, ocasionalmente también el catión Na^+;
- pozo 613, los iones Cl^-, Na^+ y las SST, hasta adquirir las condiciones de potabilidad en distintas fechas (el Na^+ en abril de 1990, las SST en octubre de 1996 y el Cl^- en el 2001);

- pozo 9270, prácticamente en todas las muestras tomadas los Cl^-, Ca^{2+} y SST;
- pozo B1-SM, el Cl^- en todas las muestras (aunque disminuyó considerablemente a partir de mayo de 1993), el Ca^{2+} hasta abril de 1995, el ión Na^+ hasta abril de 1987, las SST en todas las mediciones (entre 1,1 y 2 veces las CMA).

A modo de resumen se puede plantear que los pozos que conforman el cluster presentan **agua no potable**.

Cluster 1

Los pozos que conforman el cluster poseen los más altos contenidos de Cl^-, SO_4^{2-}, Na^+ y SST observados en el área de estudio; las concentraciones de Cl^- están entre 2,5 a 4,3 veces la CMA, el Na^+ es de alrededor de 4 veces CMA, y las SST entre 2,5 y 3,3 veces CMA. En la tabla IV.11 (Anexo IV) se muestran los principales estadísticos del cluster. A modo de resumen se debe plantear que los pozos del cluster presentan **agua no potable**, de más baja calidad que la del cluster 2.

4.5. Factores que determinan la hidrogeoquímica en la Cuenca

Para determinar los factores que regulan la composición química del agua subterránea se propone emplear el análisis factorial clásico, mediante la rotación de los ejes por el método Varimax. La matriz de observación, conformada por los valores medios de los nueve macroconstituyentes fundamentales y las SST, es de orden 77*10; la matriz de correlación entre variables es del orden 10*10 (Tab. IV.12, Anexo IV). Se destaca, por su significación, la correlación entre siete pares de variables: SST con Na^+, Cl^-, Mg^{2+} y SO_4^{2-}; Cl^- con Na^+ y Mg^{2+}; SO_4^{2-} con Na^+.

Al examinar las características geológicas del área, el posible origen de los distintos macroconstituyentes en el agua y las asociaciones entre pares de variables destacadas, se puede plantear que las relaciones de dependencia más fuertes están relacionadas con los procesos de mezcla agua dulce-agua salada, propio de la intrusión salina.

Del análisis factorial, excluidas las SST, se obtuvieron cuatro valores propios mayores que uno, por lo que son cuatro las variables causales y explican más del 78% de la variabilidad del sistema, en la tabla VI.13 (Anexo IV) se destaca el por ciento de la varianza total del sistema explicada por cada una de las nuevas variables. En la tabla VI.14 (Anexo IV) se presenta el grado de asociación de las variables originales con los nuevos factores, en atención al tamaño de la muestra (77 pozos) se consideran cargas significativas aquellas mayores de 0,62. Las variables causales de la hidrogeoquímica en la cuenca Costera Sur de Camagüey quedan expresadas de la siguiente forma:

- $Y_1 = 0.69Cl^+ + 0.91SO_4^{2-} + 0.90Na^+$ (intrusión salina, 39% de la varianza total).
- $Y_2 = 0.70HCO_3^- + 0.80Ca^{2+} + 0.78Mg^{2+}$ (composición litológica, 15% de la varianza).
- $Y_3 = 0.77CO_3^{2-} + 0.70K^+$ (actividad agrícola, cerca del 12% de la varianza total).
- $Y_4 = 0.98NO_3^-$ (empleo de fertilizantes, más del 11% de la varianza total).

4.6. Proceso de mezcla agua dulce-agua salada

En el marco de esta tesis se aplica, por primera vez, la modelación hidrogeoquímica inversa en la valoración de la mezcla agua dulce-agua salada en la cuenca Costera Sur de Camagüey, una de las primeras en el país, a partir de dos muestras referencias (Tab. IV.15, Anexo IV): agua de mar y agua de la Cuenca (patrón 3, pozo 11663).

4.6.1. Caracterización del proceso de mezcla agua dulce-agua salada

Como resultado de la modelación se pudo determinar que algunas áreas de la Cuenca presentan agua subterránea de excelente calidad con muy bajos contenidos de Cl^-, Na^+, Mg^{2+} y SO_4^{2-}, como ejemplo se tiene el pozo 132 (Fig. 4.4); otras áreas presentan agua con determinado nivel de afectación por los procesos de intrusión marina.

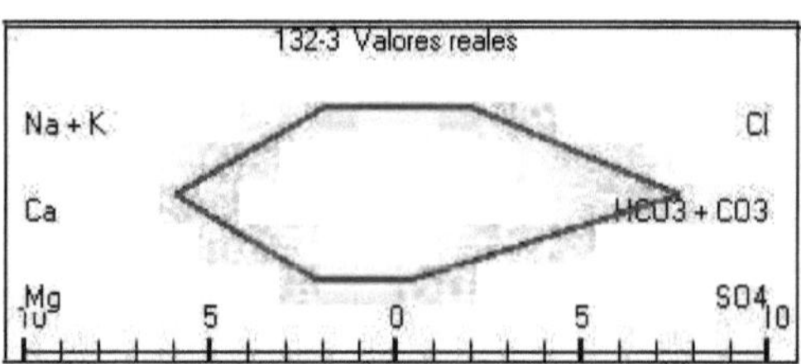

Figura 4.4. Gráficos de Stiff del patrón 3 del pozo 132.

Se pudo precisar que la composición del agua de la Cuenca está determinada por las siguientes reacciones químicas:

- Halita equivalente a cloruro de sodio (disolución) $NaCl_{(ac)} \leftrightarrow Na^{+}{}_{(ac)} + Cl^{-}{}_{(ac)}$
- Dolomita (disolución)

$$CaMg(CO_3)_{2(s)} + 2CO_{2(g)} + 2H_2O_{(l)} \leftrightarrow Ca^{2+}{}_{(ac)} + Mg^{2+}{}_{(ac)} + 4HCO_3^-{}_{(ac)}$$

- Calcita (disolución)____ $CaCO_{3(s)} + CO_{2(g)} + H_2O_{(l)} \leftrightarrow Ca^{2+}{}_{(ac)} + 2HCO_3^-{}_{(ac)}$
- Albita-caolinita

$$2NaAlSi_3O_{8(s)} + 2CO_{2(g)} \leftrightarrow Al_2Si_2O_5(OH)_{4(s)} + 2Na^+{}_{(ac)} + 2HCO_3^-{}_{(ac)}$$

- Sulfato (reducción)___ $2CH_2O_{(ac)} + SO_4^{2-}{}_{(ac)} \leftrightarrow H_2S_{(ac)} + 2HCO_3^-{}_{(ac)}$
- CO_2 (biogénico)_______ $2CH_2O_{(ac)} + O_{2(g)} \leftrightarrow CO_{2(g)} + H_2O_{(l)}$
- $Na^+ - Ca^{2+}$ (intercambio)__ $\frac{1}{2}Ca^{2+}{}_{(ac)} + NaR_{(s)} \leftrightarrow Na^+{}_{(ac)} + \frac{1}{2}CaR_{2(s)}$
- $CO_2 - HCO_3^-$ _________ $CO_{2(g)} + H_2O_{(l)} \leftrightarrow H_2CO_{3(ac)}$

A continuación se analizan, por subcuenca, los principales resultados de la modelación.

Subcuenca Florida

Para la modelación hidrogeoquímica fueron seleccionados 14 pozos (se excluyeron los pozos 399, 11706, 374 y 7910). Se presenta agua propia del acuífero y agua mezclada con agua de mar (hasta 0.7%), los pozos más afectados son el 710 y el 11674.

Pozo 710

En el pozo fueron detectados cinco patrones hidrogeoquímicos (Tab. IV.16, Anexo IV), resultado de la mezcla del agua dulce del acuífero con agua de mar (entre 0,1 y 0,7%).

Los patrones hidrogeoquímicos se han sucedido en el tiempo; las muestras de los períodos secos 85, 89-91 (máxima explotación en el área) se corresponden con el patrón 7 que presenta cantidades considerables de cloruro de sodio disuelto, junto a intensos procesos de intercambio (Na^+-Ca^{2+}) inverso; las muestras recolectadas en la década del 90 y principios del siglo XIX se agrupan en los patrones del 3 al 5, cuando se presenta la disminución del contenido del ión Cl^-, junto al debilitamiento del proceso de intercambio iónico (Na^+-Ca^{2+}) inverso y el incremento del contenido de Ca^{2+} disuelto en el agua (Tab. IV.17a y IV.17b, Anexo IV).

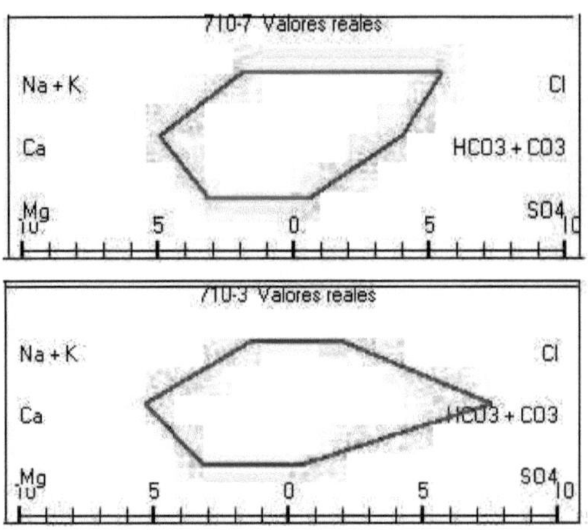

Figura 4.5. Gráficos de Stiff de los patrones 7 y 3 del pozo 710.

Al comparar los gráficos de Stiff de los patrones 7 y 3 (Fig. 4.5) se observan cambios notables en la proporción de los iones Cl^- (de 54 a 20%) e HCO_3^- (de 40 a 75%).

Pozo 11674

La modelación hidrogeoquímica permitió determinar la existencia de cuatro patrones en el pozo, con porcentaje de agua de mar que varía entre 0,1 y 0,6%. Al comparar las proporciones de los macroconstituyentes de los patrones 3 y 6 (Tab. IV.18, Anexo IV) se destaca la notable variación de las aniones Cl^- e HCO_3^-.

Los patrones más bajos fueron reportados en la década de los 80 y primeros años de los 90, a partir de 1997 las muestras se agrupan en los patrones 5 y 6. Del análisis de las reacciones que dan origen al agua se debe plantear que en los últimos tiempos se incrementó el proceso de intercambio iónico (Na^{+}-Ca^{2+}) inverso, junto a la disolución de cantidades adicionales de Mg^{2+}, (Tab. IV.19a y IV.19b, Anexo IV). Los gráficos de Stiff de los patrones 3 y 6 (Fig. 4.6) manifiestan los cambios en las proporciones de los macroconstituyentes, se destaca el aumento del contenido del ión Cl^{-} en el patrón 6.

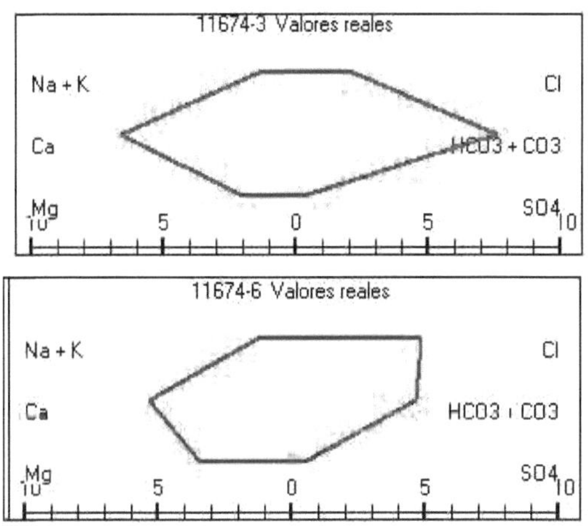

Figura 4.6 Gráficos de Stiff de los patrones 3 y 6 del pozo 11674.

Subcuenca Vertientes

Se realizó la modelación hidrogeoquímica de los 25 pozos en estudio, lo que permitió constatar la presencia de agua propia del acuífero y agua ligeramente contaminada con agua de mar, los pozo 11704 y B11-V presentan los mayores niveles de afectación.

Pozo 11704

El pozo se encuentra ubicado en un área de intensa explotación, homogénea en el tiempo. La modelación hidrogeoquímica permitió determinar la presencia de dos patrones, con proporción de agua de mar de 1,8 y 2,1%, con un comportamiento muy similar en los porcentajes de los macroconstituyentes (Fig. 4.7 y Tab. IV.20, Anexo IV).

Las reacciones químicas que determinan los patrones hidrogeoquímicos son similares, generalmente intensificadas en el patrón 7, solo la disolución de la calcita y del CO_2 biogénico manifiestan debilitamiento (Tab. IV.21a y IV.21b, Anexo IV).

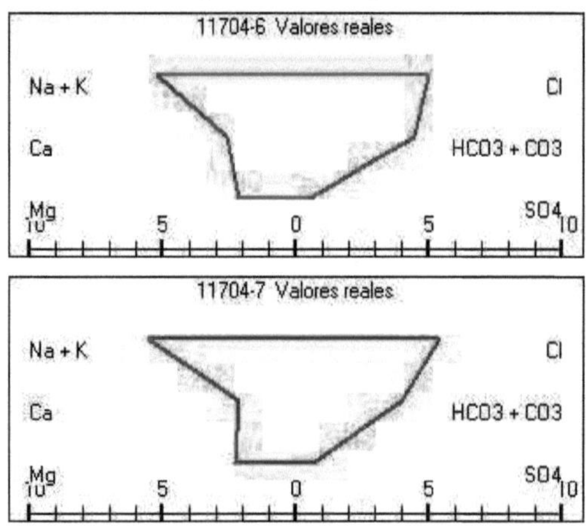

Figura 4.7. Gráficos de Stiff de los patrones 6 y 7 del pozo 11704.

Pozo B11-V

Las áreas próximas al pozo hasta los años 90 presentaban un bajo nivel de explotación, a partir de esta fecha grandes extensiones de tierra se dedicaron a la siembra de arroz, lo que demandó el incremento de las extracciones de agua subterránea para riego.

La modelación hidrogeoquímica detectó en el pozo la presencia de cinco patrones; los patrones 5 y 6 se corresponden con las muestras tomadas a partir de 1997. Al examinar las proporciones de los macroconstituyentes se destaca el descenso del ión HCO_3^-, de

84 a 46%, y el incremento del ión Cl^-, de 13 a 44% (Tab. IV.22, Anexo IV), en los gráficos de Stiff de los patrones 2 y 6 se observa este comportamiento (Fig. 4.8).

Las reacciones que dan origen a los distintos patrones hidrogeoquímicos (Tab. IV.23a y IV.23b, Anexo IV) destacan que en el patrón 6 se produce la inversión del sentido de todas las reacciones presente en el patrón 2, lo que trae consigo que en patrón 6 se de la disolución de grandes cantidades de halita (cloruro de sodio), CO_2 biogénico y el intercambio iónico inverso de Na^+ por Ca^{2+}.

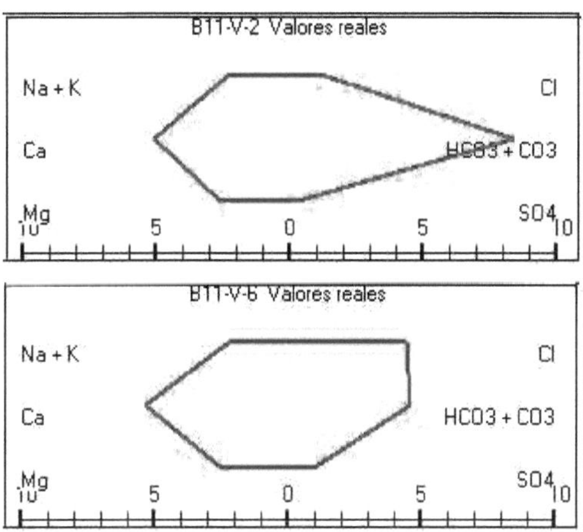

Figura 4.8. Gráficos de Stiff de los patrones 2 y 6 del pozo B11-V.

Subcuenca Sierra Maestra.

La información disponible permitió realizar la modelación hidrogeoquímica en siete pozos (B4-SM, B3-SM, B2-SM, L1-SM, 5672, B1-SM y B13-SM), donde la mezcla con agua de mar varía, generalmente, entre 0,1 y 0,8%, lo que provoca cierta afectación de la calidad del agua; el pozo B1-SM, por su parte, presenta agua de mala calidad.

Pozo B1-SM

El pozo se encuentra ubicado cerca de la costa, en él se reportaron valores muy bajos de pH en el período 95-99 (entre 3 y 4), debido a contaminación por vertimiento de residuales de la industria azucarera.

La modelación hidrogeoquímica permitió detectar un patrón único, notablemente afectado por el proceso de intrusión salina (con 3,6% de agua de mar), donde más del 96% de los aniones está representado por el ión Cl^- y los cationes manifiestan proporciones comparables (Fig. 4.9 y Tab. IV.24, Anexo IV).

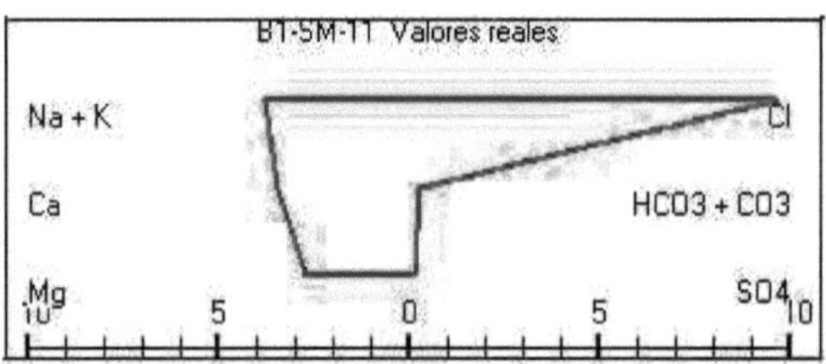

Figura 4.9. Gráfico de Stiff del patrón 11 del pozo B1-SM.

Las reacciones químicas que dan origen al patrón indican la presencia de halita y CO_2 biogénico disueltos, junto a la precipitación de calcita, el proceso de intercambio Na^+-Ca^{2+} inverso y la alteración de albita a caolinita (Tab. IV.25, Anexo IV).

Subcuenca Najasa

La modelación hidrogeoquímica fue aplicada a los 18 pozos en estudio, lo que permitió corroborar que esta subcuenca es la más afectada por los procesos de intrusión salina. A continuación se presentan los principales resultados obtenidos.

Pozo B10-N

El pozo presenta agua de muy mala calidad, como resultado de la modelación fueron detectados dos patrones hidrogeoquímicos, con proporción de agua de mar de 7 y 8,9%, respectivamente, en los que no se observa, en su aparición, una sucesión en el tiempo.

La proporción de los macroconstituyentes en los patrones muestra que el ión Cl^- aumenta de 76,8 a 84,2%, la cantidad de $Na^+ + K^+$ aumentó considerablemente, sin embargo su proporción en relación a los cationes disminuye de 74,5 a 69,8%, la concentración de Mg^{2+} se incrementa cerca de dos veces y el HCO_3^- disminuye (Tab. IV.26, Anexo IV). Los gráficos de Stiff de los patrones presentan gran similitud, altos contenidos de Cl^- y $Na^+ + K^+$ y bajos los demás macroconstituyentes (Fig. 4.10).

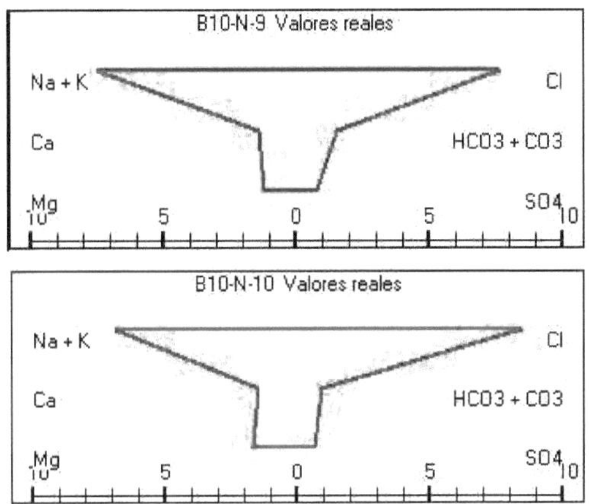

Figura 4.10. Gráficos de Stiff de los patrones 9 y 10 del pozo B10-N.

Al estudiar las reacciones químicas que dan origen a los patrones se debe señalar que en el patrón 9 ocurre la precipitación de cantidades considerables de dolomita, junto a la disolución de la calcita; el patrón 10 se explica por la disolución de gran cantidad de halita (cloruro de sodio), intensos procesos de transformación de la albita a caolinita y de intercambio Na^+-Ca^{2+} inverso (Tab. IV.27a y IV.27b, Anexo IV).

Pozo B8-N

El pozo presenta agua de mala calidad. Las muestras tomadas se corresponden con cuatro patrones hidrogeoquímicos, resultado de la mezcla del agua dulce del acuífero con agua de mar, en proporción que varía entre 1,6 y 2,5%. No se observa en el tiempo una tendencia determinada en la aparición de los patrones.

Los porcentajes de los macroconstituyentes en los patrones (Tab. IV.28, Anexo IV) destacan el aumento del ión Cl^-(del 59.3 al 77,0%) y la disminución del anión HCO_3^- (del 34.7 al 8.7%); a modo de ejemplificar se presentan los gráficos de Stiff de los patrones 7 y 10 (Fig. 4.11).

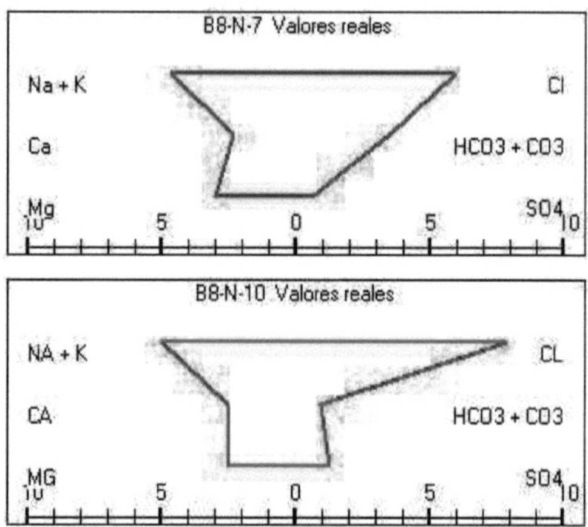

Figura 4.11. Gráficos de Stiff de los patrones 7 y 10 del pozo B8-N.

Las reacciones químicas que dan origen a los distintos patrones revelan el incremento gradual del contenido de halita disuelta (cloruro de sodio), que en el caso del patrón 10 es 5 veces superior al patrón 7; la calcita que estaba en forma de precipitado en el patrón 7, pasa a la disolución en el patrón 10 (Tab. IV.29a y IV.29b, Anexo IV).

Pozo B6-N

El pozo presenta agua de mala calidad. Como resultado de la modelación fueron determinados dos patrones hidrogeoquímicos, con proporciones de agua de mar de 1,7 y 1,8%, con ciertas diferencias en las proporciones de los aniones Cl^- e HCO_3^-, de 57,9 a 64,5% y de 34,1 a 27,8%, respectivamente (Tab. IV.30, Anexo IV). No se observa en el tiempo una tendencia determinada en la aparición de los patrones.

Las reacciones que dan origen a los distintos patrones hidrogeoquímicos (Tab. IV.31a y IV.31b, Anexo IV), destacan que en el patrón 8 se ha incrementado la cantidad de halita (cloruro de sodio) y dolomita disuelta, junto al incremento de la precipitación de calcita y la intensificación del proceso de intercambio iónico (Na^+-Ca^{2+}) inverso. Los gráficos de Stiff de los patrones muestran mucha similitud (Fig. 4.12).

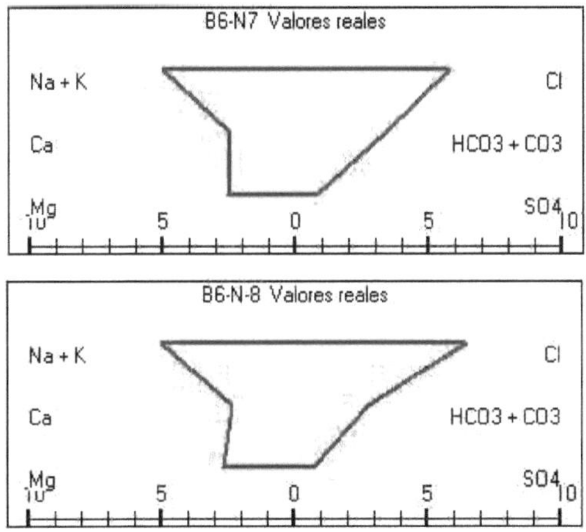

Figura. 4.12. Gráficos de Stiff de los patrones 7 y 8 del pozo B6-N.

Un comportamiento similar al descrito anteriormente se presenta en el pozo 613.

Pozo B7-N

En el pozo fueron determinados cuatro patrones hidrogeoquímicos, con porcentaje de agua de mar que varía entre 0,1 y 1,4%. Las proporciones de los macroconstituyentes destaca el incremento del ión Cl^-, junto al descenso del HCO_3^- y el Ca^{2+}, (Tab. IV.32, Anexo IV). No se observa en el tiempo una tendencia determinada en la aparición de los distintos patrones. En la figura 4.13 se presentan los gráficos de Stiff de los patrones 6 y 8, lo que permite ejemplificar los cambios descritos anteriormente.

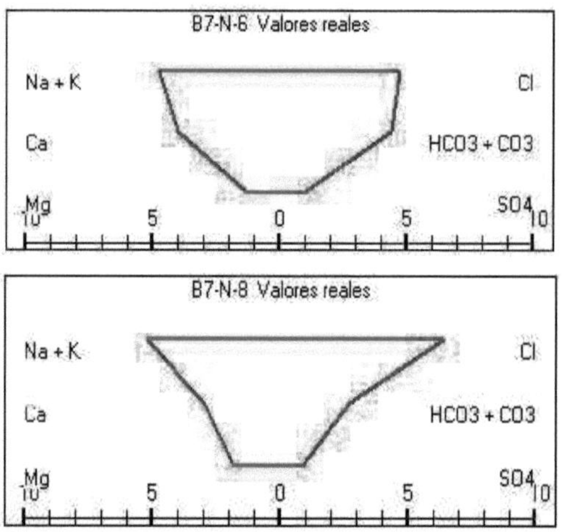

Figura 4.13. Gráficos de Stiff de los patrones 6 y 8 del pozo B7-N.

Las reacciones que dan origen a los distintos patrones hidrogeoquímicos destacan la inversión del sentido de algunas de ellas, en el patrón 8 se presentan la disolución de determinadas cantidades de halita y CO_2 biogénico, junto a la intensificación del proceso de disolución de la calcita (Tab. IV.33a y IV.33b, Anexo IV).

Pozo 611

Las muestras tomadas en el pozo se agrupan en seis patrones hidrogeoquímicos, en dependencia del porcentaje de agua de mar (0, 0,1, 0,5, 0,7, 1,0 y 1,6%). Al comparar las proporciones de los macroconstituyentes se destaca el incremento del ión Cl^- (de 17,1 a 53,7%), el descenso del HCO_3^- (de 74,6 a 41,9%) junto al comportamiento prácticamente estable de las demás especies químicas (Tab. IV.34, Anexo IV).

La aparición en el tiempo de los patrones hidrogeoquímicos muestra una marcada tendencia a la disminución de la proporción de agua de mar; en la década del 80 y principios de los 90 (años de mayor explotación) alcanzó hasta 1,6% (patrones 7 y 8), a partir de esta fecha se produce la mejora progresiva de la calidad del agua, hasta no presentar mezcla con agua de mar (patrón 3). En la figura 4.14 se destaca la variación en la proporción de los distintos iones.

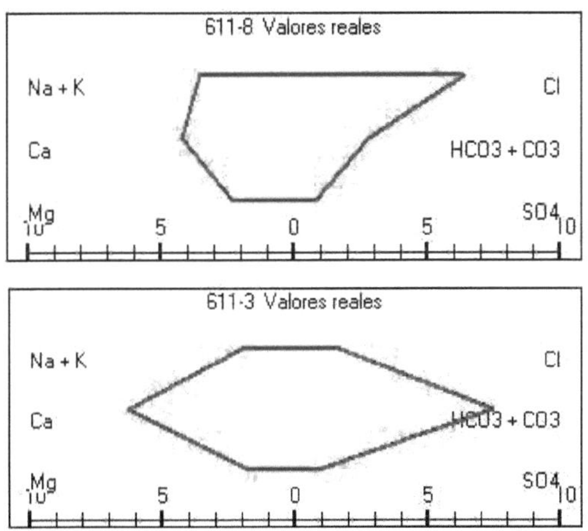

Figura 4.14. Gráficos de Stiff de los patrones 8 y 3 del pozo 611.

Las reacciones químicas que dan origen a los patrones 8 y 3 evidencian el débil intercambio Na^{+}-Ca^{2+} inverso, junto a cambios en el contenido de dolomita, en el patrón 8 se presentaba en disolución y en el patrón 3 precipita; en relación a la calcita el proceso es contrario al descrito anteriormente (Tab. IV.35a, IV.35b, Anexo IV).

Pozo B3-N

En el pozo se presentan seis patrones hidrogeoquímicos, con proporción de agua de mar que varía entre 0,1 y 1,4%. La aparición en el tiempo de los patrones está relacionada a una marcada tendencia a disminuir la proporción de agua de mar a partir de comienzos de la década del 90. Vinculados a la intensa explotación del agua subterránea en la zona, década del 80 e inicios del 90, aparecen los patrones 8, 7 y 6; con la disminución de la explotación, a partir de 1993, aparecen los patrones del 5 al 3.

Los macroconstituyentes en los distintos patrones destacan el aumento del contenido del ión Cl^{-} (del 20,7 al 59,7%), y el descenso del HCO_3^{-} (del 77,3 al 29,4%) junto al comportamiento estable de los demás (Tab. IV.36, Anexo IV). En la figura 4.15 se muestran los gráficos de Stiff de los patrones 8 y 4, donde se observan notables cambios en las proporciones de los macroconstituyentes.

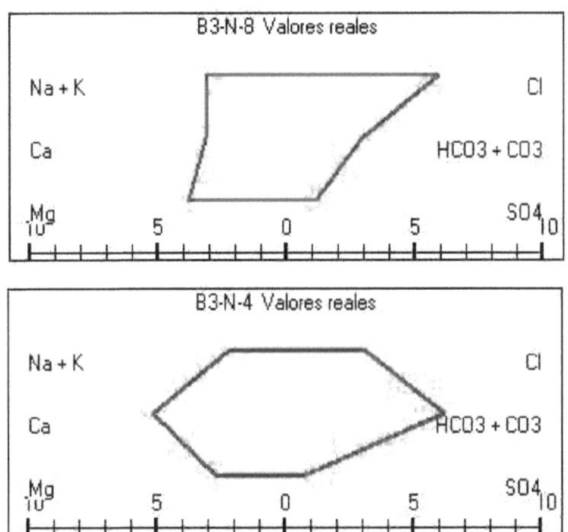

Figura 4.15. Gráficos de Stiff de los patrones 8 y 4 del pozo B3-N.

El estudio de las reacciones químicas que dan origen a los distintos patrones permite determinar que la cantidad de halita disuelta en el agua disminuye, al igual que la cantidad de calcita que precipita (Tab. IV.37a y IV.37b, Anexo IV).

Pozo B4-N

En el pozo se presenta agua de buena calidad. Como resultado de la modelación fueron determinados tres patrones hidrogeoquímicos, el primero no muestra contaminación con agua de mar, en los demás esta proporción es baja (0,1 y 0,2%). Los patrones se han sucedido en el tiempo, en la década del 80 y principios del 90 se presentan los patrones 5 y 4, después de 1993 aparece el patrón 3. Los patrones reflejan el incremento del ión Cl^-, de 20,0 a 37,3%, y el descenso del HCO_3^-, de 75,3 a 56,8% (Tab. IV.38, Anexo IV). En la figura 4.16 se muestran los gráficos de Stiff de los patrones 5 y 3, que permiten ejemplificar los cambios en los macroconstituyentes.

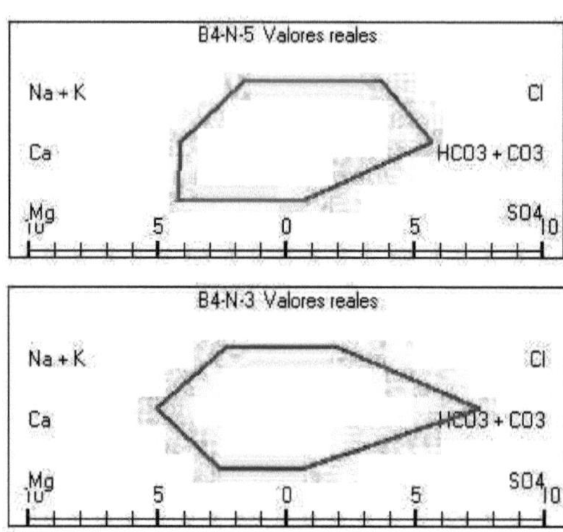

Figura 4.16. Gráficos de Stiff de los patrones 5 y 3 del pozo B4-N.

Al examinar las reacciones químicas que dan origen a los patrones 5 y 3, se detecta el incremento de la precipitación de la halita, el aumento de la disolución de la calcita, la dolomita que en el patrón 5 se encontraba en disolución, en el patrón 3 se presenta en forma de precipitado, en el patrón 5 ocurre el proceso de intercambio Na^{+}-Ca^{2+} inverso, que se hace directo en el patrón 3 (Tab. IV.39a y IV.39b, Anexo IV).

4.6.2. Variación temporal del porcentaje de agua de mar en la mezcla y de los plus (+Δ) o déficit iónicos (-Δ) de Ca^{2+} y Na^{+} originados por el intercambio iónico

Las reacciones de intercambio catiónico pueden presentarse en los acuíferos costeros cuando en el terreno existen sólidos que poseen una gran superficie específica (formaciones de arcillas, minerales arcillosos y oxihidróxidos) capaces de absorber iones. Estas reacciones tienen lugar durante la recarga, cuando el agua dulce fluye hacia el agua de mar desde el acuífero costero, lo que provoca el desplazamiento de la interfaz agua dulce-agua de mar hacia el océano. En ese proceso se libera el Na^+ intercambiable desde la superficie intercambiadora, la cual capta el Ca^{2+} o el Mg^{2+} presente en el agua subterránea.

Durante la recarga el Na^+ es liberado al agua subterránea porque la relación Na^+/Ca^{2+} en la superficie de intercambio es mayor que la del agua dulce del acuífero, lo inverso resulta, por lo general, durante la intrusión marina al acuífero, cuando el flujo de agua dulce que se mueve hacia el mar se reduce y la cuña de agua marina avanza hacia el interior del terreno. En este caso la relación Na^+/Ca^{2+} en la superficie de intercambio, en la porción del agua dulce del acuífero, es más baja que la del agua de mar.

Los procesos de intercambio catiónico entre el agua y la superficie intercambiadora en el acuífero son significativos cuando las concentraciones relativas de los cationes son diferentes a lo largo de la línea de flujo. Los cationes de baja selectividad para el intercambio con la superficie sólida intercambiable son primeramente transportados, seguidos de aquellos con alta afinidad, y así sucesivamente, este proceso es conocido como cromatografía de intercambio catiónico (Appelo y Postma, 1993).

La cromatografía de intercambio catiónico es controlada por las diferencias en el comportamiento iónico con relación a la capacidad de absorción de la superficie sólida intercambiable, la dispersividad del acuífero y el contraste entre la composición de la solución que se desplaza y la solución que es desplazada (Manzano y Custodio, 1998).

El término desplazamiento cromatográfico se aplica cuando la solución que ocupa los poros de un material posee iones con más baja selectividad para intercambiar con la superficie sólida que los iones de la solución reemplazante, esto se da cuando el agua dulce con baja relación Na^{+}/Ca^{2+}, desplaza al agua marina con mayores relaciones Na^{+}/Ca^{2+} y Mg^{2+}/Ca^{2+}. En estas condiciones el Ca^{2+} es ofrecido con preferencia al medio por la superficie sólida intercambiadora con respecto al Na^{+} y al Mg^{2+}.

Un típico patrón de recarga se presenta cuando el agua dulce fluye hacia el agua salada, y da lugar a un agua de tipo HCO_3^{-}-Na^{+} con una relación Na^{+}/Cl^{-} mayor de 0,55 cerca de la interfase agua dulce-agua de mar, la cual evoluciona en la dirección de la superficie de agua dulce hacia agua de tipo HCO_3^{-}-Ca^{2+}, y hacia tipo HCO_3^{-}-Mg^{2+}.

En un reciente estudio realizado en un acuífero costero no confinado de Grecia, Panagopoulos et al. (2004), identificaron procesos de intercambio catiónico entre el calcio de los sedimentos y el sodio del agua subterránea y la presencia de nitrato y sulfato de amonio adicionales, originados por la fertilización de los cultivos.

El intercambio catiónico y su relación con la variación temporal del porcentaje de agua dulce-agua de mar pueden ser calculados mediante los denominados plus $(+\Delta)$ o déficit iónicos $(-\Delta)$ de Ca^{2+} y Na^{+}, lo cual permite determinar temporalmente si en el acuífero prevalece la recarga de agua dulce (intercambio iónico directo) o la intrusión marina (intercambio iónico inverso). En este texto se muestra un ejemplo donde se manifiesta la recarga sobre la intrusión (pozo 132) y varios ejemplos donde prevalece la intrusión (pozos B11-V, B1-SM, 710, 11704, B10-N, B8-N, B6-N, B7-N, 613,

611, y B3-N), se puede plantear que existe una mayor ocurrencia del último proceso.

4.6.3 *Variación temporal del porcentaje de mezcla con agua de mar de muestras tomadas en condiciones estáticas*

En la Cuenca, con el objetivo de estudiar la variación en el tiempo del porcentaje de agua de mar en la mezcla agua dulce-agua salada, fueron seleccionados los resultados del muestreo de las campañas de fin seco de los años 1990 y 1995, en muestras tomadas en la superficie de los pozos y a distintas profundidades. Los pozos batométricos seleccionados para el estudio pertenecen a la subcuenca de Najasa y se encuentran ubicados en dos perfiles: B7-N–B10-N (en dirección aproximadamente norte-sur) y B4-N–B8-N–B10-N (en dirección aproximadamente oeste-este). En las figuras IV.4 y IV.5 (Anexo IV) aparecen las columnas litológicas de ambos perfiles.

En la tabla IV.40 (Anexo IV) se destaca el nivel estático de los pozos (NE) y el % de agua de mar del primer perfil. En la superficie del pozo B7-N esta proporción varío de 1,3 a 0,5%, mientras que en las muestras captadas a 50 m de profundidad la salinidad varío de 19,8 a 25,5%; en el pozo B10-N no se verifica una tendencia determinada en su comportamiento. En el perfil no se observa retroceso del proceso de intrusión salina.

En la tabla IV.41 (Anexo IV) se presenta el nivel estático de los pozos y el % de agua de mar del segundo perfil. El pozo B4-N manifiesta mejoría de la calidad del agua a distintas profundidades, en la superficie varía de 0,2 a 0,1% y de 0,3 a 0,2%, a 50 m de profundidad. En el pozo B8-N se observan cambios significativos en la proporción de agua de mar presente a distintas profundidades; en la superficie varió de 3,4 a 2,3 %, a 20m de profundidad de 11,2 a 10,0% y a 50m de profundidad de 31,2 a 26,7%. En el pozo B10-N no se verifican cambios. Las variaciones reportadas se deben, fundamentalmente, a los cambios en el régimen de explotación.

CONCLUSIONES

1. La metodología establecida para el estudio hidrogeoquímico de la cuenca Costera Sur de Camagüey emplea las técnicas estadísticas, los SIG y la modelación hidrogeoquímica inversa; propone analizar el comportamiento de los niveles hidróstaticos, analizar la información hidroquímica y su precisión, caracterizar el comportamiento de las variables hidrogeoquímicas y las características de potabilidad en el tiempo y el espacio, determinar los factores que condicionan la hidrogeoquímica y valorar el proceso de mezcla agua dulce-agua salada; su aplicación permitió la elevación del conocimiento de la Cuenca, establecer las regularidades dentro de las subcuencas y predecir las variaciones de la calidad del agua en los acuíferos cársicos costeros afectados por la intrusión marina.
2. En la Cuenca la media de los macroconstituyentes y las SST es más alta al terminar el período seco que al terminar el período húmedo, pero la diferencia no es apreciable a un nivel de significación de 0,01, por lo que se considera que el ciclo hidrológico influye pero no determina en la composición química del agua. El régimen de explotación, que no ha sido homogéneo en el espacio y el tiempo, determina la composición química del agua. Los macroconstituyentes cumplen con la ley de distribución normal, sólo las condiciones hidrológicas extremas y la sobreexplotación provocan la pérdida de esta condición; sí se mantiene la sobreexplotación en el tiempo, se alcanzan nuevas condiciones de normalidad.

3. En la Cuenca varían las SST desde menos de 500mg/L hasta más de 6 300mg/L, el ión Cl^- desde menos de 100mg/L hasta más de 900mg/L, la relación de Simpson desde menos de 0,5 hasta 18,4. El agua es mayoritariamente de tipo hidrogenocarbonatada clorurada cálcica magnésica, pero en zonas costeras o de intensa explotación son clorurada con porcentajes de cationes muy variables. La agrupación automática mediante tres cluster permite obtener grupos de pozos con características semejantes de potabilidad.
4. En la Cuenca se destaca, por su significación, la correlación entre variables hidrogeoquímicas propias de la intrusión salina. Cuatro variables causales de la composición química del agua determinan cerca del 78% de la variabilidad del sistema, expresadas de la siguiente forma: Y_1=0,69Cl^-+0,91SO_4^{2-}+0,90Na^+ (intrusión salina); Y_2=0,70HCO_3^-+0,80Ca^{2+}+0,78Mg^{2+} (composición litológica); Y_3=0,77CO_3^{2-}+0,70K^+ (actividad agrícola); Y_4=0,98NO_3^- (empleo de fertilizantes).
5. La composición del agua en la Cuenca está determinada por la disolución de la halita (equivalente a cloruro de sodio), disolución de la dolomita, disolución de la calcita, transformación de la albita-caolinita, reducción de sulfato, CO_2(biogénico), intercambio $Na^+ - Ca^{2+}$ y $CO_2 - HCO_3^-$; en dependencia de las condiciones químico-físicas del medio, se favorece el proceso directo o inverso. En la Cuenca se presenta agua propiamente del acuífero y agua con diferentes porcentajes de agua de mar (hasta cerca del 9 %); la subcuenca Najasa es la más afectada por los procesos de intrusión salina. Los cambios

hidrogeoquímicos en el tiempo no han sido homogéneos en toda la Cuenca, aunque se debe plantear, que en sentido general el agua ha mejorado sus características de calidad. .

RECOMENDACIONES

1. En las áreas más afectadas por el proceso de intrusión salina (fundamentalmente en la subcuenca Najasa) se recomienda realizar un estudio detallado de las profundidades máximas a perforar, los caudales máximos de explotación, el régimen de explotación, la conveniencia de usar campos de pozos u otras estructuras de captación, el empleo de obras de mitigación, tales como pozos de recarga artificial.
2. En la Cuenca, dados los niveles de afectación por los procesos de intrusión marina detectados en este estudio, se hace imprescindible realizar restricciones a la explotación en áreas con cotas del terreno menores de $6m$: no explotar en la subcuenca Najasa y limitar el caudal máximo de explotación a $10L/s$ en las demás.
3. Usar la metodología propuesta en el estudio hidrogeoquímico de otras cuencas cársicas costeras afectadas por los procesos de intrusión marina, entre ellas la cuenca Costera Norte de Camagüey, hasta ahora muy poco investigada.

REFERENCIAS BIBLIOGRÁFICAS

1. Academia de Ciencias. Atlas de Camagüey, 1989.
2. Alfonso, J. R., Estadística en las Ciencias Geológicas, Editorial ISPJAE, Ciudad de La Habana, 1989.
3. APHA, AWWA, WPCF, Standards methods for the examination of water and wastewater, Editorial American Public Health Association, Washington, pp. 17, 1989.
4. Appelo, C. A. y J. D. Postma. Geochemistry, Groudwater and pollution, Balkema, Rotterdam, Brookfield (ed), Netherlands, 1993.
5. Back, W. y B. B. Hanshaw, "Comparison of chemical hydrology of the Carbonate peninsula of Florida and Yucatan". J. Hydrology, 10-330, 1971.
6. Back, W. y otros, "Differential dissolution of a Pleistocene reef in the ground-water mixing zone of coastal Yucatan, Mexico". Geology. (14) 137-140, 1986.
7. Barros, O, y H. Llanusa. "Impacto del cambio global en la dinámica de la intrusión marina". Ingeniería Hidráulica y Ambiental. XXII (4), 2001.
8. Barros, O. y A. León, "Recarga y acuosidad en cuencas de llanuras", en Arellano, D. M, M. A. Gómez-Martín e I. Antigüedad (eds). Investigaciones Hidrogeológicas en Cuba, Bilbao, España, 53-59, 1997.
9. Barros, O., "Variabilidad de la intrusión salina en cuencas costeras cársicas de Cuba". Voluntad Hidráulica, (87-88) 11-20, 1997.

10. Bear J. y Q. Zhou, "Sea water intrusion into coastal aquifers" en Delleur, J. W. (ed). The handbook of groundwater engineering. Second edition. Editorial Taylor & Francis Group, CRC Press. http://www.taylorandfrancis.com. 2007.
11. Bear, J. y G. Dagan, The steady interface between two immiscible fluids in a two-dimensional field of flow. Hydraulic Lab., Technion, Haifa, Israel, IASH, P: N. Prog. Report 2, 1962.
12. Beato, O. y J. R. Fagundo, "Geoquímica de las aguas subterráneas de la cuenca hidrogeológica M-1, Cuenca Norte de Matanzas". VIII Congreso Internacional de Ingeniería Hidráulica, La Habana, 2007.
13. Beato, O., Caracterización hidroquímica de la cuenca hidrogeológica M-I y M-II de la provincia de Matanzas. Tesis de maestría, INRH, 2008.
14. Beato. O. y J. R. Fagundo, Estudio de las propiedades físicas y químicas de las aguas naturales. Editorial INRH, La Habana, pp. 13, 2006.
15. Blatchley, E. R. y J. E. Thompson "Groundwater Contaminants", en Delleur, J. W. (ed). The handbook of groundwater engineering. Second edition. Editorial Taylor & Francis Group, CRC Press. http://www.taylorandfrancis.com. 2007.
16. Bögli, A, Corrosion by mixing karst water. Trans. Cave Res. Group G. Brit. 13 (2): 109-114, 1971.
17. Boonstra, H y R. Soppe, "Well design and construction", en Delleur, J. W. (ed). The handbook of groundwater engineering. Second edition. Editorial Taylor & Francis Group, CRC Press. http://www.taylorandfrancis.com. 2007.

18. Bouza, C. y V. Sistachs, Estadística Teoría y Ejercicios, Editorial Félix Varela, La Habana, 2004.
19. Bredehoeft, J. D., "Determining sustainable groundwater development", en Delleur, J. W. (ed). The handbook of groundwater engineering. Second edition. Editorial Taylor & Francis Group, CRC Press. http://www.taylorandfrancis.com. 2007.
20. Broder J., M. Britta y P. Friedrich. Groundwater geochemistry a practical guide to modeling of natural and contaminated aquatic systems. Nordstrom, D. K. (ed). Editorial Springer, Netherlands. 2005.
21. Calvache, M. L. y A. Pulido Bosch, "The influence on sea-water intrusion process of a karstic massif in a detrital system". Some spanish karstic aquifers. Editorial Universidad de Granada, España, 127-142, 1993.
22. Cantillo L.,"Empleo de la tomografía eléctrica y método electromagnético de dominio del tiempo en el mapeo de la intrusión salina en la cuenca Guanaja". IV Convención Cubana de Ciencias de la Tierra. Geociencia´11. Cuba, 2011.
23. Cardona, A. y otros, "Salinization in coastal aquifers of arid zones: an example from Santo Domingo, Baja California Sur, Mexico". Environmental Geology. Springer-Verlag, (45) 350-366, 2003.
24. Carrillo, A., "Fundamentos de hidrogeoquímica: aplicaciones Ambientales". Curso corto, Instituto de Geología, Universidad Nacional Autónoma de México, 2002.
25. Castillo, E. e I. Morell, "La Hidroquímica en los estudios de Intrusión Marina en los acuíferos cársicos". Tecnología de la

Intrusión en Acuíferos Costeros, (TIAC'88), Almuñecar (España). Estado del Arte a nivel Nacional e Internacional, 19-73, 1988.

26. Cheng, A.H.D. y D. Ouazar. Coastal aquifer management: monitoring, modeling, and case studies. Editorial Lewis, CRC Press, Boca Raton, FL, p. 280, 2004.
27. Chiocchini, U. y otros, "Environmental geology problems in the Tyrrhenian coastal area of Santa Marinella, province of Rome, central Italy". Environmental Geology. 32 (1) 1-8, 1997.
28. Custodio, E. y M. R. Llamas, Hidrogeología Subterránea, Segunda Edición, Editorial Omega, S.A., 1996.
29. Custodio, E., "Consideraciones sobre la sobreexplotación de acuíferos en España". La sobreexplotación de acuíferos. Editorial Instituto Tecnológico Geo Minero de España, Almería, 43-64, 1989.
30. De la Mora, C. y otros, "Modelaje estocástico de la variabilidad espacial de la calidad de agua en un ecosistema lacustre". Revista Internacional de Contaminación Ambiental. Universidad Nacional Autónoma de México, julio-septiembre, 20 (003), 2004.
31. De las Cuevas, R., Evaluación de la calidad de las aguas de la cuenca Cochino-Bermejo mediante Índices Generales de Calidad de Aguas (ICA). Tesis de maestría. Instituto Superior Politécnico "José Antonio Echeverría", 2007.
32. De Miguel C., "Formación y evaluación de las reservas de explotación de aguas subterráneas en el Valle del Cauto, Republica de Cuba". Boletín Geológico, L. G. I. Leningrado, Rusia, pp.48, 1986.

33. De Miguel, C., Hidrogeología aplicada, Editorial Félix Varela, La Habana, 1999.
34. Dudley, J.R., Reability of Water Analysis. General Technical Department Report. TDR No 09271, pp. 27, 1972.
35. Estévez, J. y otros. "Evaluación del grado de intrusión marina en aguas subterráneas de la Provincia Habana mediante análisis isotópicos y químicos". X Congreso Internacional de Ingeniería Hidráulica y VI Seminario del Uso Integral del Agua. Editorial Obras ISBN 978-959-247-082-8. Holguín, 2011.
36. Fagundo, J. R y otros, "Geoquímica de las aguas subterráneas que drenan carbonatos del intervalo jurásico-Paleógeno". Geociencias 2007, La Habana, pp. 20. ISBN: 978-959-7117-16-2, 2007a.
37. Fagundo, J. R y otros, "Metodología para el control automatizado de la calidad de las aguas en acuíferos, cuencas y yacimientos de aguas minerales y mineromedicinales", en Fagundo, J. R. y otros (eds). Contribución al conocimiento geológico, hidrogeológico, ambiental y del termalismo en la Sierra del Rosario, CD editado por Productos y Servicios Geográficos (GEOTECH), pp. 151. ISBN 959-7167-10-7, 2006b.
38. Fagundo, J. R y otros, "Patrones hidrogeoquímicos y origen de la composición química de aguas subterráneas que drenan carbonatos". VIII Congreso Internacional de Ingeniería Hidráulica, Editorial Obras, pp. 22. ISBN: 978-959-247-036-1, La Habana, 2007-b.
39. Fagundo, J. R, P. González y O. Beato, "Hidrogeoquímica e Hidrología Isotópica". Sexto curso Internacional de Aguas

Subterráneas y Medio Ambiente, Editorial CIH-INRH (soporte digital), 2002.

40. Fagundo, J. R. y otros, "Application of hidrogeochemical modeling to characterization and water quality control of coastal karst aquifer", en Demuth S. y otros (eds). Climate Variability and Change Hydrological impacts, IAHS Publication Holanda, 308, 596-600. ISSN 0144-7815, 2006a.
41. Fagundo, J. R. y otros, "Caracterización del sistema de flujo local-regional de la Sierra del Rosario (Cuba) mediante modelos hidrogeoquímicos". VI Congreso de Geología (GEOLOGIA´2005). Primera Convención Cubana de Ciencias de la Tierra, Geociencias´2005. Memorias en cd-rom, La Habana, 2005.
42. Fagundo, J. R. y otros, "HIDROGEOQUÍM". Contribución a la Educación y Protección Ambiental. 6, 58-67, 2005a.
43. Fagundo, J. R. y otros, "Metodología para la caracterización geoquímica de los acuíferos cársicos costeros. II. Identificación de los procesos de mezcla y modificación de las facies hidroquímicas", en Fagundo, J. R. y otros (eds). Contribución a la Educación y la Protección Ambiental, Editorial ISCTN (CITMA), 182-191, 1999.
44. Fagundo, J. R. y otros, "Metodología para la Caracterización Hidrogeoquímica de Sistemas Hidrotermales. Aplicación al Sistema San Diego de los Baños-Los Bermejales, Pinar del Río, Cuba", en Fagundo, J. R. y otros (eds). Contribución al conocimiento geológico, hidrogeológico, ambiental y del termalismo en la Sierra del Rosario. CD editado por Productos y

Servicios Geográficos (GEOTECH), pp. 21. ISBN 959-7167-10-7, 2006.

45. Fagundo, J. R. y otros, "Procesos geoquímicos en un acuífero kárstico costero en contacto con un humedal", en J. J. Neiff (ed). Humedales de Iberoamérica. Red Iberoamericana de humedales. Programa CYTED, 188-203, 2004.

46. Fagundo, J. R. y otros, "Solución de problemas ambientales mediante la modelación hidrogeoquímica". Revista CENIC, Ciencias Químicas, 36 (No. especial) 31 pp. ISSN 0258-6002, 2005b.

47. Fagundo, J. R. y otros. "Estimación de los patrones hidrogeoquímicos la composición química del agua en la Cuenca Norte de Matanzas mediante mediciones de conductividad eléctrica y relaciones matemáticas". X Congreso Internacional de Ingeniería Hidráulica y VI Seminario del Uso Integral del Agua. Editorial Obras ISBN 978-959-247-082-8. Holguín, 2011.

48. Fagundo, J. R., Contribuciones al desarrollo de la Hidrogeoquímica. Editado por Productos y Servicios Geográficos (GEOTECH), Instituto de Geografía Tropical, La Habana, 2007.

49. Fagundo, J. R., J. Valdés y J. Rodríguez, Hidroquímica del Karst, Editorial Grupo de Investigación Recursos Hídricos y Geología Ambiental, Granada, España, 1996a.

50. Fagundo-Sierra, J. y otros, "Modelación de las aguas naturales". Contribución a la Educación y la Protección Ambiental. ISCTN, 2 (VII Taller), 2001.

51. Ferrera, V. y otros, "Caracterización hidrogeoquímica de los acuíferos kársticos de la Cuenca Zapata, Matanzas, Cuba". Voluntad Hidráulica. (91) 21-27, 1999.

52. Ferrera, V., J. R. Fagundo y G. Benítez, "Caracterización hidroquímica de las aguas de la cuenca cársica Costera Sur, tramo Güira-Quivicán (La Habana)", en Pulido-Bosch, A., J. R. Fagundo y J. E. Rodríguez (eds). El karst y los acuíferos kársticos, Universidad de Granada, España, 227-238, 1995.

53. Flores, E. y A. González Báez. "La intrusión salina en acuíferos costeros de Cuba, ante los cambios climáticos". X Congreso Internacional de Ingeniería Hidráulica y VI Seminario del Uso Integral del Agua. Editorial Obras ISBN 978-959-247-082-8. Holguín, 2011.

54. Ford, D. C. y P. Williams, Karst Geomorphology and Hydrology, Editorial Universidad Hyman, London, pp. 601, 1989.

55. Forti, P., "La Fonti di Poino". Guida Alla Speleologia nel Reggiano, Editorial M. Chesi, Gruppo Speleologico Palitnologico Gaetano Chiereci, 41-49, 1988.

56. Gemici, Ü. y Ş Filiz, "Seawater intrusion in coastal aquifer of Cesme Peninsula, Izmir, Turkey". Present state and future trends of Karst studies, IHP-V Technical Documents in Hydrlogy. 1 (49) 213-221, 2000.

57. Giménez, E., Caracterización hidrogeoquímica de los procesos de salinización en el acuífero detrítico costero de la Plana de Catellón, España. Tesis Doctoral, 469 pp, 1994.

58. Giménez, E., M. D. Fidelibus e I. Morell, "Metodología de análisis de facies hidroquímicas aplicada al estudio de la

intrusión marina en acuíferos detríticos costeros: aplicación a la Plana de Oropesa (Castellón)". Hidrogeología. 11, 55-72, 1995.

59. Gisbert, J. y otros. "Sistemas de control y seguimiento del contacto agua dulce-agua salada en el entorno de la desaladora de Almería" en Pulido Bosch A., A. Vallejos y P. A. Pulido (eds). Acuíferos costeros y desaladoras. 185-194, 2002.

60. Glover, R. E., "The pattern of fresh water flow in a coastal aquifer". J. Geophys Res., 64, 457-459, 1959.

61. Goldscheider, N., "Karst groundwater vulnerability mapping: application of a new method in the Swabian Alb, Germany". Hydrogeology Journal. 13 (4) 555-564, 2005.

62. González, A. y J. R. Fagundo "Evaluación automatizada de la respuesta hidrogeoquímica de los acuíferos cársicos costeros ante el impacto del hombre y los cambios globales". Informe final proyecto de investigación en materia de cooperación universitaria andaluza con los países de lengua hispana de Centroamérica y el Caribe Insular, 1996.

63. González, A., Problemas de salinización en el acuífero litoral del occidente de Huelva, Editorial Universidad de Huelva, España, 1997.

64. González, M. I., T. Torres y S. Chiroles, "Calidad microbiológica de aguas costeras en climas tropicales". Cub@: Medio Ambiente y Desarrollo; Revista electrónica de la Agencia de Medio Ambiente. 3 (4), ISSN-1683-8904. 2003

65. González, P. y otros, "Denudación química en la Cuenca Sur de La Habana". Contribución a la Educación y la Protección Ambiental. 4, 2003b.

66. González, P. y otros, "Influencia de la reducción de sulfatos en los procesos de disolución y precipitación de las rocas carbonatadas en un acuífero costero". Ingeniería Hidráulica. XX (3) 41-45, 1999b.
67. González, P., "Contribución al conocimiento hidrogeoquímico de acuíferos cársicos costeros con intrusión marina. Sector Güira-Quivicán, Cuenca Sur de la Habana". Tesis Doctoral. Instituto Superior Politécnico "José Antonio Echeverría", 2003a.
68. González, P., "Metodología para la caracterización geoquímica de los acuíferos cársicos costeros. I. Muestreo sistemático y caracterización de facies hidroquímicas". Contribución a la Educación y la Protección Ambiental, Editorial ISCTN (CITMA), 173-181, 1999a.
69. González, P., J. R. Fagundo y R. M. Valcarce, "Cambios de porosidad debidos a las reacciones diagenéticas de transferencia de masa, en acuíferos cársicos costeros. Caso de estudio Sector de Hidrogeológico Güira-Quivicán, Cuenca Sur de La Habana". CENIC. Ciencias Químicas, 36 (No. Especial), 2005.
70. González-Báez, A. y R. Feitó, "Obras costeras contra la intrusión salina para beneficio de los recursos explotables de una cuenca subterránea", en Arellano, D. M., M. A. Gómez-Martín e I. Antigüedad (eds). Investigaciones Hidrogeológicas en Cuba, Bilbao, España, 71-88, 1997.
71. González-Herrera, R., I. Sánchez y J. A. Gamboa, "Groundwater flour modeling in the Yucatan karstic aquifer". Hydrogeology Journal. 10 (5) 539-552, 2002.

72. Granel, E. y otros. "Dinámica de la interfase salina y calidad del agua en la costa nororiental de Yucatán". Granel, E. y otros (eds). Ingeniería. 8-3, 15-25, 2004.

73. Granel-Castro, E., A. Cardona y J. J. Carrillo-Rivera, "Hidrogeoquímica en el acuífero calcáreo de Mérida, Yucatán: elementos traza". Ingeniería hidráulica en México. 14 (3) 19-28, 1999.

74. Grupo Empresarial de Investigaciones, Proyectos e Ingeniería (GEIPI), Instituto Nacional de Recursos Hidráulicos (INRH), Cuba, y Agencia de Cooperación Internacional del Japón (JICA), "Libro de texto del curso de entrenamiento SIG para el Proyecto". Proyecto de mejoramiento de la capacidad de desarrollo y manejo del agua subterránea para la adaptación al cambio climático en la República de Cuba, 2011.

75. Grupo Empresarial de Investigaciones, Proyectos e Ingeniería (GEIPI), Instituto Nacional de Recursos Hidráulicos (INRH), Cuba, y Agencia de Cooperación Internacional del Japón (JICA), "Manejo del agua subterránea". Proyecto de mejoramiento de la capacidad de desarrollo y manejo del agua subterránea para la adaptación al cambio climático en la República de Cuba, 2011.

76. Grupo Empresarial de Investigaciones, Proyectos e Ingeniería (GEIPI), Instituto Nacional de Recursos Hidráulicos (INRH), Cuba, y Agencia de Cooperación Internacional del Japón (JICA), "Prospección Geofísica". Proyecto de mejoramiento de la capacidad de desarrollo y manejo del agua subterránea para la adaptación al cambio climático en la República de Cuba, 2011.

77. Guhl, F. y otros, "Geometry and dynamics of the freshwater-seawater interface in a coastal aquifer in south-eastern Spain". Hydrological Science Journal. 51 (3), 543-555, 2006.

78. Guhl, F. y otros. "Geometry and dynamics of the freshwater-seawater interface in a coastal aquifer in south-eastern Spain". Hydrological Science Journal. 51, 543-555, 2006.

79. Hair, I. y otros, Análisis Multivariante, 5ta Edición, Editorial Prentice Hall, Universidad Autónoma de Madrid, España, 1999.

80. Hanshaw, B. B y W. Back, "Chemical mass-wasting of the northern Yucatan Peninsula by groundwater dissolution". Geology. (8) 222-224, 1980.

81. Heredia, J. G. y otros. "Influencia antrópica en un acuífero costero. Consideraciones sobre la gestión hídrica del acuífero de Matril-Salabreña (España)" en Bocanegra E., D. Martínez y H. Massone (eds). Grandwater and human development. ISBN 987-544-063-9, 2002.

82. Hernández A. O. "Selección de obras de captación y políticas de explotación en acuíferos costeros". Ingeniería Hidráulica y Ambiental. XXXII (3) Sep-Dic, 03-09, 2011.

83. Hernández, A. y otros, Modelación de Acuíferos, Editorial ISPJAE, La Habana, 2001.

84. Hernández, R. y otros, "La evolución de la intrusión del agua de mar en el acuífero costero de Guanahacabibes, de Pinar del Río, Cuba". VI Congreso de Geología (GEOLOGÍA ´2005) Hidrogeología e Ingeniería Geológica. Primera Convención Cubana de Ciencias de la Tierra, GEOCIENCIAS ´2005, 2005.

85. Hernández, R., Caracterización de las salinidades del acuífero Neógeno-Cuaternario de Guane. Tesis Doctoral. Universidad de Pinar del Río "Hermanos Saíz", 2001.
86. Houlihan, M. F. y M. H. Berman, "Remediation of contaminated groundwater", en Delleur, J. W. (ed). The handbook of groundwater engineering. Second edition. Editorial Taylor & Francis Group, CRC Press. http://www.taylorandfrancis.com, 2007.
87. Houlihan, M. F. y P. J. Botek, "Groundwater monitoring", en Delleur, J. W. (ed). The handbook of groundwater engineering. Second edition. Editorial Taylor & Francis Group, CRC Press. http://www.taylorandfrancis.com, 2007.
88. Hsuen-Yu, L., P. Tsung-Ren y L. Tai-Sheng, "Identification of the origin of salinization in groundwater using multivariate statistical analysis and geochemical modelling: a case study of Kaoshsiung, Southwest Taiwan". Environmental Geology. (55) 339-352, 2008.
89. Iturralde-Vinent, M. y otros, "Curso Naturaleza Geológica de Cuba", Universidad Para Todos, Primera Parte, Editorial Academia, La Habana, 2006.
90. Jorreto, S, y otros. "Análisis de la evolución de la interfase en el delta del río Andarax mediante testificación geofísica". Las aguas subterráneas en los países mediterráneos. IGME. Serie Hidrogeología y Aguas Subterráneas. 17, 321-328, 2006.
91. Jorreto, S. "Control de la intrusión marina en el delta del río Andarax" en: Pulido-Bosch, A. y L. Molina Sánchez, (eds). El agua y el medio ambiente. 331-340, 2006.

92. Jorreto, S. y otros. "Las diagrafías y la caracterización de la influencia de los bombeos de agua de mar sobre el acuífero del delta del Andarax (Almería)". Industria y Minería. 362, 15-21, 2005.

93. Jyrkama, M. I. y J. F. Sykes, "The impact of climate change on groundwater" en Delleur, J. W. (ed). The handbook of groundwater engineering. Second edition. Editorial Taylor & Francis Group, CRC Press. http://www.taylorandfrancis.com, 2007.

94. Kliméntov, P. P. y V. M. Kónonov, Metodología de las investigaciones hidrogeológicas, Editorial Mir, Moscú, 1982.

95. Konikow, L. F. y otros, "Groundwater modeling" en Delleur, J. W. (ed). The handbook of groundwater engineering. Second edition. Editorial Taylor & Francis Group, CRC Press. http://www.taylorandfrancis.com, 2007.

96. Lambrakis, N. y G. Kallergies, "Reaction of subsurface coastal aquifers to climate and land use changes in Greece: modelling of groundwater refreshening patterns under natural recharge conditions". Journal of Hydrology. (245) 19-31, 2001.

97. Leonarte T, Calidad de las aguas subterráneas de los acuíferos de Gerona y Santa Fe. Tesis de Maestría en Ciencias en Protección y Evaluación de Impacto Ambiental, ISCTN, La Habana, 2005.

98. Leonarte, T. y J. R. Fagundo, "Calidad de las aguas subterráneas de Gerona y la Fe". Contribución a la Educación y la Protección Ambiental. 6, 2005.

99. Leonarte, T. y J. R. Fagundo, "Modelos hidrogeoquímicos aplicados a la hidroquímica de la cuenca Gerona". VIII

Congreso Internacional de Ingeniería Hidráulica, La Habana, 2007.

100. Llanusa, H., Hidrogeología de los recursos de las aguas subterráneas. Tesis Doctoral. Instituto Superior Politécnico "José Antonio Echeverría", 1990.

101. Lloyd, W. J. y J. H. Tellman, "Caracterización hidroquímica de las aguas subterráneas en áreas costeras". Tecnología Intrusión Salina en Acuíferos Costeros (TIAC'88). Estado del Arte a nivel Nacional e Internacional, Almuñecar, España, 1-18, 1988.

102. Longley, P. A. y otros. Geographic Information Systems and Science, Segunda Edición, John Wiley & Sons, New York, 2005.

103. López-Vera, F., "Estrategias para definir políticas de gestión de calidad de los acuíferos: La directiva Europea 2000/60/CE". II Seminario-Taller "Protección de acuíferos frente a la contaminación: caracterización y evaluación", La Habana, 2002.

104. Mallo, F. Análisis de componentes principales y técnicas factoriales asociadas, Editorial Universidad de León, España, 1985.

105. Manzano, M. y E. Custodio, "Origen de las aguas salobres en sistemas acuíferos deltaicos: Aplicación de la teoría de la cromatografía iónica al acuífero del Delta del Llobregat". IV Congreso Latinoamericano de Hidrología Subterránea, Montevideo, Uruguay, 1998.

106. Marín, L. E. y otros, "Hydrogeology of a contamined sole-source karst aquifer, Mérida, Yucatán, Mexico". Geofísica Internacional. 39 (4) 359-365, 2000.

107. Marón, D. E. "Un modelo numérico de la intrusión salina con dispersión hidrodinámica". Revista Latino-Americana de Hidrogeología. 4, 81-84, 2004.

108. Martínez, D. E. y E. M. Bocanegra, "Hydrogeochemistry and cation-exchange processes in the coastal of Mar Del Plata, Argentina". Hydrogeology Journal. 10(3) 393-408, 2002.

109. Matsuda, H. y otros, "Early diagenesis of Pleistocene carbonates from a hydrogeochemical point of view, Irabu Island, Ryukyu Islads: Porosity changes related to early carbonate". Unconformities and porosity in carbonate strata. The American Association of Petroleum Geologist. Tulsa, Oklahoma, USA, 1995.

110. Miller, I. R, J. E. Freund y R. Lohnson, Probabilidades y Estadística para Ingenieros, Parte II, Cuarta Edición, Editorial Félix Varela, La Habana, 2005b.

111. Miller, I. R., J. E. Freund y R. Lohnson, Probabilidades y Estadística para Ingenieros, Parte I, Cuarta Edición, Editorial Félix Varela, La Habana, 2005a.

112. Miranda, L. F. y J. Hernández. "Diagnóstico de la situación de la intrusión salina al sur de Ciego de Ávila. X Congreso Internacional de Ingeniería Hidráulica y VI Seminario del Uso Integral del Agua. Editorial Obras ISBN 978-959-247-082-8. Holguín, 2011.

113. Molerio L. F. y J. R. Fagundo, "El Carso, definiciones, leyes y procesos de carsificación y cavernamiento", en Molerio, L. F. y otros (eds). Curso El Mundo Subterráneo, Universidad Para Todos, Editorial Academia, 2004c.

114. Molerio, L. F. y otros, "Factores de control de la composición química e isotópica de las aguas subterráneas en la región de Varadero-Cárdenas, Matanzas, Cuba". Ingeniería Hidráulica y Ambiental. XXIII (3) 36-46, 2002b.
115. Molerio, L. F. y otros, "Hidrodinámica isotópica de los sistemas acuíferos Jaruco y Aguacate, Cuba". Ingeniería Hidráulica y Ambiental. XXIII (2) 3-9, 2002a.
116. Molerio, L. F., "Desviaciones en la estimación de las profundidades de la interfase agua dulce-agua salada en los acuíferos cársicos costeros". Ingeniería Hidráulica y Ambiental. XXIII (3) 29-35, 2002c.
117. Molerio, L. F., "Indicadores de vulnerabilidad de acuíferos cársicos". Ingeniería Hidráulica y Ambiental. XXV (3) 56-61, 2004b.
118. Molerio, L. F., "Proceso de cavernamiento (espeleogénesis) en sistemas hipogenéticos". Ingeniería Hidráulica y Ambiental. XXV (2) 39-43, 2004a.
119. Monreal R. y otros. "La intrusión salina en el acuífero de la costa de Hermosillo, Sonora". XXIV Convención Internacional. Acapulco, Guerrero, 2001.
120. Monteagudo, V. y otros, "El recurso agua: conservación para el desarrollo social en Las Tunas, Cuba". IV Encuentro Internacional Desarrollo Sostenible y Población, Universidad de Málaga, España, pp. 20. ISBN-13:978-84-690-6201-5, 2007a.
121. Monteagudo, V. y otros, "Origen de la composición química de las aguas naturales de la Cuenca Tunas Norte", en Revista Electrónica Innovación Tecnológica del Centro de Información y Gestión Tecnológica y Ambiental del CITMA, Las Tunas, Cuba,

003(129), pp. 10. ISSN: 1025-6504 RNPS-1813 SCPSCT-0406306, 2007b.

122. Monteagudo, V. y otros, "Origen de la composición química de las aguas naturales del Macizo Hidrogeológico del Cretácico en la provincia de Las Tunas". Revista Electrónica Innovación Tecnológica del Centro de Información y Gestión Tecnológica y Ambiental del CITMA, Las Tunas, Cuba, 003(130), pp. 10, ISSN: 1025-6504 RNPS-1813 SCPSCT-0406306, 2007c.

123. Monteagudo, V., Geoquímica de las aguas subterráneas de la provincia de Las Tunas. Tesis Doctoral. Universidad de La Habana, 2008.

124. Morell I., E. Giménez y M. V. Esteller, "Comportamiento iónico y procesos físicoquímicos en acuíferos detríticos costeros de las Planas de Oropesa, Castellón y Gandia (Com. Valencia)". Hidrogeología. 3, 21-33, 1988.

125. Morell, I. y otros, "Caracterización de los acuíferos kársticos de la cuenca Zapata, Matanzas, Cuba". I Congreso Ibérico de Geoquímica. VII Congreso de Geoquímica de España, Editorial CEDEX, Soria, España, 367-374, 1997.

126. NC-93-02, Norma Cubana de Agua Potable. Oficina Nacional de Normalización, La Habana, Cuba, 1985.

127. Nicod, J., "Facteurs physico-chemiques de l'accumulation des formations travertineuses". Mediterranee. 1/2: 161-165, 1986b.

128. Nicod, J., "Les cascades des barrages de travertin de l' Argens superieur (Var)". Mediterranee. 1/2: 71-80, 1986a.

129. Pacheco, J., A. Cabrera y L. E. Marín, "Bacteriological contamination in the karstic aquifer of Yucatán, Mexico". Geofísica Intenacional. 39 (3) 285-291, 2000.

130. Panagopoulos, G. y otros, “Cation exchange processes and human activities in unconfined aquifer”. Environmental Geology. 46 (5) 542-552, 2004.

131. Panno, S.V. y W. R. Kelly. “Nitrate and herbicide loading in two groundwater basins of Illinois’ sinkhole plain”. Journal Hydrological. 290, 229-242, 2004.

132. Perchorkin, A. I. y J. A. Perchorkin, “Chemical composition of fracture-karst water of sulphate karsted massifs”. IV Congreso Internacional de Espeleología, Barcelona 1986, España, 79-82, 1986.

133. Pérez, D., La Explotación del Agua Subterránea. Un Nuevo Enfoque, Editorial Felix Varela, La Habana, 2001.

134. Petalas, C. P. e I. B. Diamantes, “Origin and distribution of saline groundwaters in the upper Miocene aquifer system, coastal Rhodope area, northeastern Greece”. Hydrogeology Journal. 7 (3) 305-316, 1999.

135. Pinder. G. F. Groundwater modeling using Geographical Information Systems. Editorial John Wiley & Sons, Inc. New York, 2002.

136. Plummer, L. N., “Mixing of seawater with $CaCO_3$ groundwater”. Geol. Soc. Am. Mem. 142, 219-236, 1975.

137. Pulido-Bosch, A., “Problemática de la sobreexplotación de acuífero”, en Curso avanzado de contaminación de aguas subterráneas monitoreo, evaluación, recuperación, 1, 3.282-3.293, 1997.

138. Pulido-Bosch, A., P. Pulido-Leboeuf, y J. Gisbert, “Pumping seawater from coastal aquifers for supplying desalination plants”. Geologica Acta. 2(2) 97-107, 2004.

139. Rangel, M. y otros. “Vulnerabilidad a la intrusión marina de acuíferos costeros en el pacifico norte mexicano; un caso, el acuífero costa de Hermosillo, Sonora, México”. Revista Latino-Americana de Hidrogeología. 2, 31-51, 2002.

140. Rivera, A., E. Ledoux y S. Sauvagnac, “A compatible single-phase/two-phase numerical model. 2. Application to a coastal aquifer in Mexico”. Ground Water. 28 (2) 215-223, 1990.

141. Rocamora E., M. G. Guerra y E. Flores, “Factores morfoestructurales e intrusión marina en acuíferos carbonatados. Caso de estudio, Cuenca Sur de La Habana”, en Arellano, D. M., M. A. Gómez-Martín e I. Antigüedad (eds). Investigaciones Hidrogeológicas en Cuba, Bilbao, España, 175-185, 1997.

142. Rodríguez-Noa, A., “Resultados de las investigaciones geofísicas de pozos realizados en la zona central de la Cuenca Sur de la Habana”. Voluntad hidráulica. 82 19-27, 1990.

143. Sadeg, As. y N. Karahanolu, “Numerical assessment of seawater intrusion in the Tripoli region. Libia”. Environmental Geology. (40) 1151-1168, 2001.

144. Sakar, S., “Validity of a sharp-interface model in a confined coastal aquifer”. Hydrogeological Journal. 7(2) 155-160, 1999.

145. Sánchez, G., P. Varela y M. A. Elías. Informe “Esquema regional precisado con fines de aprovechamiento hidráulico de la vertiente sur de la provincia de Camagüey”. Empresa Hidroeconomía Camagüey, 1988.

146. Santiago, J. F., “Caracterización de las aguas subterráneas del acuífero Jaruco”. Ingeniería Hidráulica y Ambiental. XXIV (2) 62-71, 2003a.

147. Santiago, J. F., "Ecuaciones de regresión para el pronóstico de composición química de las aguas subterráneas del acuífero Jaruco". Ingeniería Hidráulica y Ambiental. XXIV (2) 53-61, 2003b.

148. Steinich, B. y L. E. Marin, "Hydrogeological investigations in Northwestern Yucatan, Mexico, using resistivity surveys". Ground Water. 34 (4) 640-646, 1996.

149. Steinich, B., O. Escolero y L. E. Marin, "Salt-water intrusion and nitrate contamination in the Valley of Hermosillo and El Sahuaral coastal aquifers, Sonora, Mexico". Hydrogeoly Journal. 6 (4) 518-526, 1998.

150. Stiff, H. A., "The interpretation of chemical water analysis by means of pattern, Jour". Petroleum Technology. 3 (10) 15-17, 1951.

151. Stuyfzand, P. J., "Patterns in groundwater chemistry resulting from groundwater flow". Hydrogeology Journal. 7 (1) 15-27, 1999.

152. Urbain, P., "Contribution de l´hydrogeolgie thermale a´la tectonique: l´aire d´emergence d´Hammam Meskoutine (Departament de Constantine"). Soc. Geol. France. Bull. Soc. G, 3, 247-251, 1953.

153. USEPA, 2005. Water quality and hydrology. www.epa.gov/0w0w/wetlands/wqhydrology.html, 2005.

154. Valcarce, R. M., Evaluación de las propiedades hidrogeológicas de acuíferos cársicos empleando un complejo mínimo de registros geofísicos de pozo. Tesis Doctoral. Instituto Superior Politécnico "José Antonio Echeverría", 1998.

155. Vinardell, I. y otros, "HIDROCLASWIN: Separación por patrones hidrogeoquímicos para la clasificación de las aguas naturales". Contribución a la Educación y la Protección Ambiental. ISCTN, La Habana (IV Taller), 2, 164-167, 2001.

156. Vives, L., M. Varna y E. Usunoff, "Behavior of the fresh- and saline-water phases in an urban area in Western Buenos Aires Province, Argentina". Hydrogeology Journal. 13 (2) 426-435, 2005.

157. Walpole, R. E., R. H. Mayers y Sh. L. Myers, Probabilidades y estadística para ingenieros, Parte II, Sexta Edición, Editorial Félix Varela, La Habana, 2008a.

158. Walpole, R. E., R. H. Mayers y Sh. L. Myers, Probabilidades y estadística para ingenieros, Parte I, Sexta Edición, Editorial Félix Varela, La Habana, 2008b.

159. Walter, L., y otros, "Geochemical evolution of groundwater in the Maneadero coastal aquifer during a dry year in Baja California, Mexico". Hydrogeology Journal. 23 (4) 584-595, 2005.

160. White, W. B., "Groundwater flow in karstic aquifers", en Delleur, J. W. (ed). The handbook of groundwater engineering. Second edition. Editorial Taylor & Francis Group, CRC Press. http://www.taylorandfrancis.com, 2007.

161. Wigley, T. M. L. y L. N. Plumier, "Mixing of carbonate waters". Geochim. Cosmochim. Acta. 40, 489-995, I976.

162. Yera G., C. de Miguel y J. R. Fagundo. "Caracterización hidrogeoquímica de la subcuenca Najasa, cuenca Costera Sur de Camagüey". X Congreso Internacional de Ingeniería

Hidráulica y VI Seminario del Uso Integral del Agua. Editorial Obras ISBN 978-959-247-082-8. Holguín, 2011.

163. Yera, G, Métodos estadísticos en estudio de rocas de baja permeabilidad. Tesis de maestría. Instituto Superior Politécnico "José Antonio Echeverría", 2003.

164. Yera, G. y C. de Miguel, "Hidrogeoquímica del sistema acuífero de la Costera Sur de Camagüey". Voluntad Hidráulica. (101) 28-33, 2009.

165. Yera, G. y L. F. Molerio, "Hidrodinámica geoquímica del sistema acuífero de la Costera Sur de Camagüey, Cuba", en Arellano, D. M., M. A. Gómez-Martín e I. Antigüedad (eds). Investigaciones Hidrogeológicas en Cuba, Bilbao, España, 125-132, 1997.

166. Yera, G., C. de Miguel y J. R. Fagundo, "Intrusión salina en el sistema acuífero de la Costera Sur de Camagüey, Cuba". VI Taller Internacional CONyMA 2010, La Habana, 2010.

167. Yera, G., C. de Miguel y J. R. Fagundo, "Métodos estadísticos en el estudio hidrogeoquímico del Sistema Acuífero Costera Sur de Camagüey, Cuba". Minería y Geología. 26 (1) 45-75, http//www.ismm.edu.cu/sites/revistamg/index.htu. 2010.

168. Zhou, X. y otros, "Numerical simulation of sea water intrusion near Beihai, China". Environmental Geology. 40 (1-2) 223-233, 2000.

ÍNDICES DE TABLAS Y FIGURAS

TABLAS

En anexo

FIGURAS

En texto

En anexo

ANEXO I

Tabla I.1. Clasificación de las rocas según su composición mineralógica.

Nombre de la roca	% de calcita	% de dolomita
Caliza	90-100	0-5
Caliza dolomítica	85-65	15-35
Dolomía calcárea	15-35	80-65
Dolomía	0-5	100-90

Nota: según Teodorovich, 1958

Tabla I.2. Solubilidad de los minerales.

Mineral	Solubilidad	Concentración (mg/L)
Calcita	$100*10^{-3}, 480*10^{-1} bar$	10-300
Dolomita	$90*10^{-3}, 500*10^{-1} bar$	10-300 $CaCO_3$

Tabla I.3. Características química del agua potable (en mg/L).

Componente	Concentración máxima deseable (CMD)	Concentración máxima admisible (CMA)
Sólidos totales disueltos	500	1000
Dureza total (como carbonato de calcio)	100	400
Calcio	75	200
Cloruro	200	250
Magnesio	30 (si existen 250 o más de sulfato)	30 (si existen menos que 250 de sulfato)
Sulfato	200	400
Sodio	50	200

ANEXO II

Figura II.1. Ubicación geográfica del área de estudio.

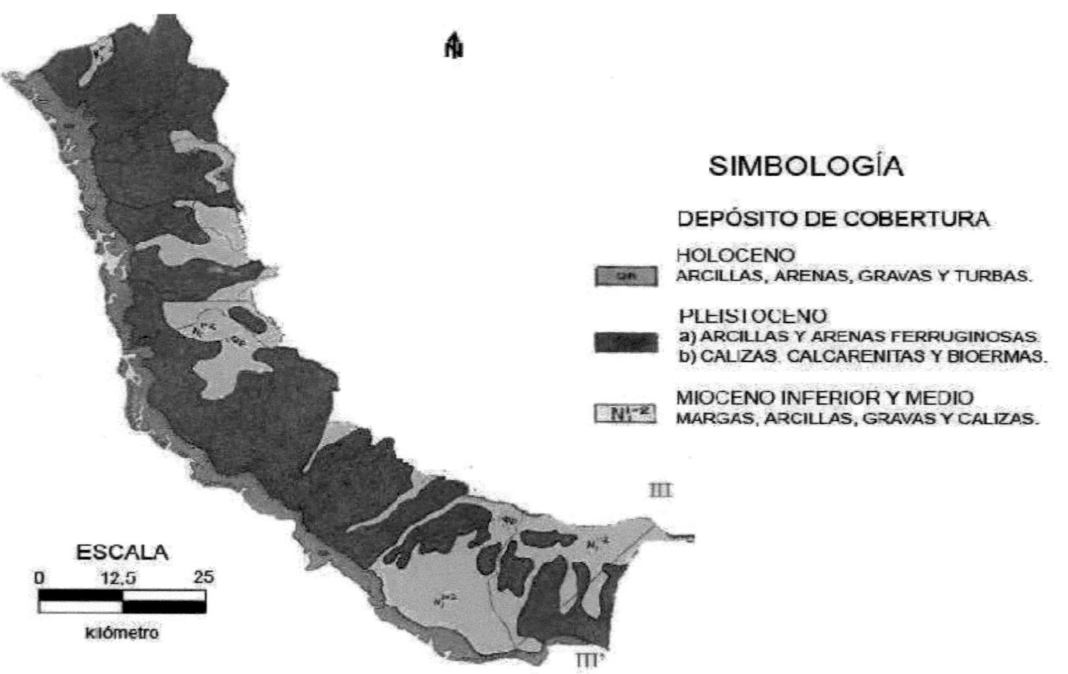

Fuente: Atlas de Camagüey / 1989.

Figura II.2. Mapa geológico del área de estudio.

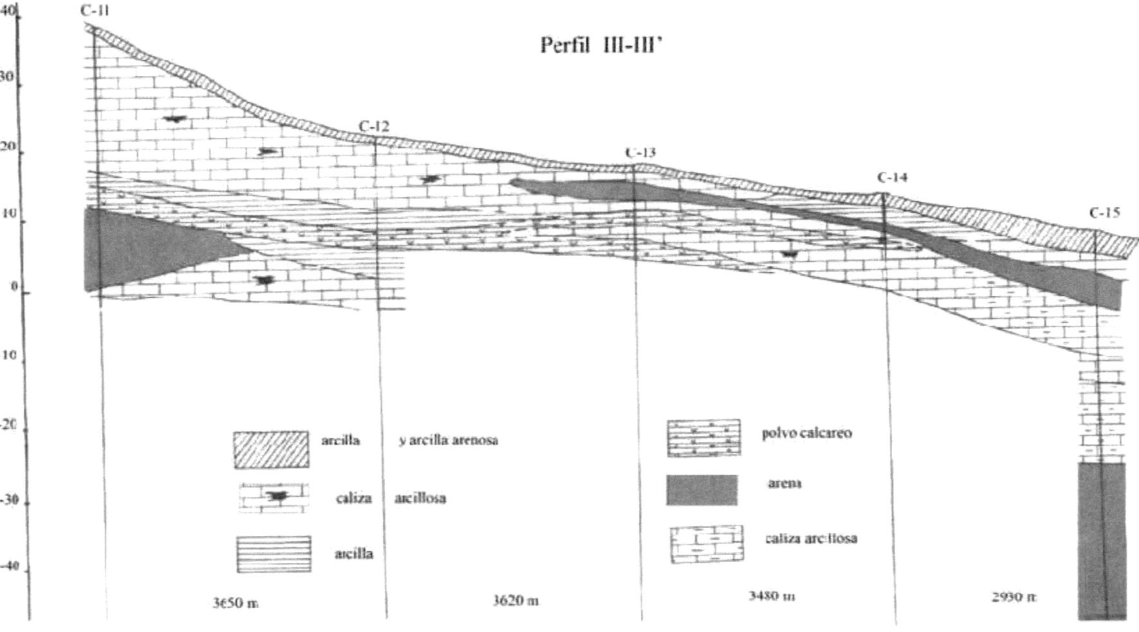

Figura II.3. Perfil geológico III-III'

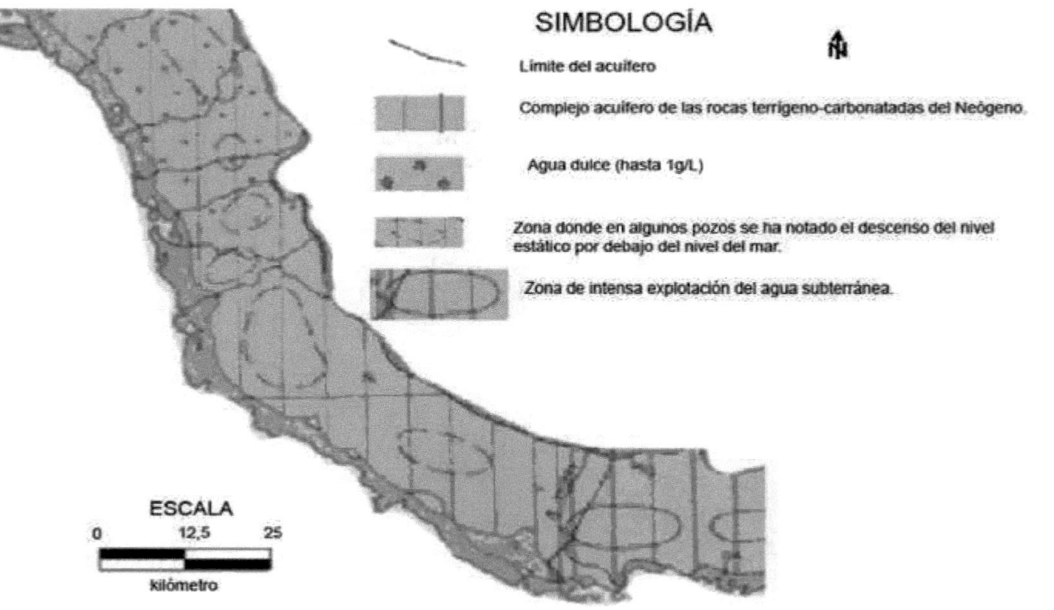

Fuente: Mapa Hidrogeológico de Cuba 1:1 000 000.

Figura II.4. Mapa hidrogeológico del área de estudio.

Tabla II.1. Balance hídrico por meses de la estación meteorológica Florida.

Meses	W	P	E	E0	S	IE
Enero	17,9	29.7	34,7	128,6	1,6	0,27
Febrero	22,6	38.8	41,7	153,5	1,3	0,27
Marzo	18,2	54.5	43,3	194,7	1,0	0,22
Abril	15,1	67.0	51,2	216,0	1,8	0,24
Mayo	20,4	186.5	115,4	214,2	27,1	0,54
Junio	60,4	267.2	160,3	189,3	64,5	0,85
Julio	66,6	165.7	142,4	215,5	18,6	0,66
Agosto	32,5	195.4	122,6	207,6	28,2	0,59
Septiembre	56,1	197.2	130,2	174,3	36,4	0,75
Octubre	55,9	136.9	111,3	160,8	23,0	0,69
Noviembre	47,9	55.5	78,8	133,5	11,3	0,59
Diciembre	40,7	33.0	46,9	120,1	1,0	0,39
Año	454,3	1427.4	1078,8	2108,1	215,8	0,5

Tabla II.2. Balance hídrico por meses de la estación meteorológica Santa Cruz del Sur.

Meses	W	P	E	E0	S	IE
Enero	18,3	26.8	31,2	139,6	0,7	0,22
Febrero	15,2	34.4	36,4	167,9	1,0	0,22
Marzo	17,3	30.4	33,3	209,5	0,2	0,16
Abril	6,6	45.4	35,7	216,7	0,9	0,16
Mayo	18,1	133.8	73,4	210,5	6,3	0,35
Junio	34,2	147.9	92,5	190,1	11,5	0,49
Julio	38,8	127.1	97,3	208,4	8,9	0,47
Agosto	31,2	112.9	85,9	198,7	8,2	0,43
Septiembre	33,6	134.6	88,5	164,3	16,0	0,54
Octubre	47,2	146.0	90,4	148,7	15,2	0,61
Noviembre	43,9	50.2	58,7	128,1	2,9	0,46
Diciembre	24,8	28.4	36,8	127,9	1,1	0,29
Año	329,2	1018.1	760,1	2110,4	72,9	0,4

Simbología

W-Humedad del suelo

P-Acumulado de Lluvias

E-Evapotranspiración real

E0-Evapotranspiración potencial

S-Escurrimiento del agua en el suelo

IE-Índice de Sequía Agrícola

Tabla II.3. Parámetros para el cálculo de los recursos pronósticos.

Subcuenca	Sector	Área km^2	T m^2/dia	I	B m	ΔH m	μ	a m^2/dia	α	Mp l/sKm^2
Florida	CI-1	92	8409	0,0025	4900	3,19	0,13	64684,4	0,37	13,12
	CI-2	106	8342	0,0022	5000	2,72	0,11	55613,33	0,40	12,93
	CI-3	236	6706	0,0022	12200	2,22	0,12	55883,33	0,27	8,43
	CI-4	77	5500	0,0024	4000	2,07	0,12	458333,3	0,25	7,87
Vertientes	CI-5	77	5335	0,0025	6000	2,92	0,13	41312,6	0,37	12,4
	CI-6	55	9869,8	0,0019	3500	5,31	0,08	1203634	0,40	13,78
	CI-7	64	5446	0,0025	5000	4,33	0,09	60511,11	0,35	12,35
	CI-8	77	7000	0,0016	5000	2,78	0,095	736834,2	0,26	8,36
	CI-9	48	9000	0,0012	4200	4,00	0,08	112500,0	0,28	10,14
	CI-10	65	7081	0,001	6000	4,46	0,06	118016,7	0,21	8,46
	CI-11	69	6000	0,0014	6000	4,14	0,06	100000	0,22	7,87
	CI-12	55	7289	0,0013	3525	3,10	0,07	104128,6	0,21	6,87
	CI-13	97	5100	0,0023	6300	3,00	0,09	55434,78	0,28	8,75
Sierra Maestra	CI-14	112	7266	0,0023	5000	3,11	0,08	87542,0	0,23	8,08
	CI-15	70	5118,2	0,0027	4800	3,11	0,10	49689,3	0,29	10,15
Najasa	CI-16	410	5000	0,0020	31000	3,15	0,087	57471	0,23	8,60

Simbología:

T-trasmisividad; I-gradiente hidráulico; B-ancho de la sección normal al flujo subterráneo en el límite de entrada al área que se evalúa; ΔH - abatimiento; μ-entrega de agua de las rocas; Área-área del sector; α-conductividad de nivel.

Tabla II.4. Reservas de agua subterránea por períodos hidrológicos y el uso a que están destinados (Hm^3).

Sectores	Uso	Reservas	Seco	Húmedo
CI-1	Riego de arroz	43,5	28,0	15,5
CI-2	Riego de pastos	17,2	5,7	11,5
CI-3	Riego de arroz Riego de pastos	45,0	17,5	27,5
CI-4	Riego de pastos	12,7	4,6	8,1
CI-5	Riego de arroz	16,0	6,0	10,0
CI-6	Riego de arroz	12,5	5,0	7,5
CI-7	Riego de pastos	17,0	7,0	10,0
CI-8	Riego de arroz	4,5	2,0	2,5
CI-9	Riego de arroz (explotación mixta)	7,0	3,0	4,0
CI-10	Riego de arroz (explotación mixta)	100	4,5	5,5
CI-11	Riego de arroz (explotación mixta)	16,0	7,0	9,0
CI-12	Riego de arroz (explotación mixta)	12,0	5,5	6,5
CI-13	Riego de arroz Riego de pastos	3,0	1,0	2,0
CI-14	Riego de arroz	8,0	3,5	4,5
CI-15	Riego de arroz	4,0	1,5	2,5
CI-16	CI-16-a Riego de caña y pastos	41,7	11,3	12,0
	CI-16-b Riego de caña y pastos		10,4	8,0

ANEXO III

Tabla III.1. Clasificación del agua por su grado de contaminación salina.

Resultados de la relación	Denominación del agua
<0,5	Agua normal
0,5-1,3	Agua ligeramente contaminada
1,3-2,8	Agua moderadamente contaminada
2,8-6,6	Agua bastante contaminada
6,6-15,5	Agua altamente contaminada
>15,5	Agua de mar

ANEXO IV

Tabla IV.1. Red de pozos de observación (subcuenca Florida).

Pozo	PT	Coordenadas		Observación		No de observaciones		
		Este	Norte	Inicio	Final	Seco	Húmedo	Total
399	27,00	756,70	193,99	may-82	abr-92	9	7	16
710	21,00	758,22	199,27	nov-81	abr-01	17	11	28
674	16,99	753,51	188,76	nov-81	abr-07	21	19	40
7915	22,96	335,83	311,90	nov-84	nov-07	17	14	31
10844	18,00	766,80	190,75	Abr-85	nov-07	16	11	27
11606	27,40	333,554	309,665	nov-81	nov-07	20	14	34
11663	30,00	328,48	303,34	nov-81	nov-07	16	16	32
11674	19,15	761,53	190,27	nov-81	nov-07	23	18	41
B1-F	100,00	753,02	194,22	abr-85	nov-07	20	21	41
B4-F	47,00	327,75	310,20	abr-85	nov-07	17	15	32
B10-F	112,00	328,412	306,118	dic-82	nov-07	15	12	27
L1-F	29,75	328,25	312,10	abr-85	nov-07	18	16	34
680	30,00	325,65	308,45	abr-90	nov-04	8	10	18
11706	35,40	330,10	315,70	abr-83	may-01	11	4	15
374	30,00	758,4	191,61	abr-84	nov-07	4	4	8
7910	32,00	334,90	314,55	nov-81	nov-07	6	5	11
357	14,70	336,137	305,562	Nov-90	nov-07	7	8	15
11659	17,45	338,30	302,98	nov-81	nov-07	13	8	21

Tabla IV.1. Red de pozos de observación (subcuenca Vertientes).

Pozo	PT	Coordenadas		Observación		No de observaciones		
		Este	Norte	Inicio	Final	Seco	Húmedo	Total
B11-V	85,10	334,753	297,899	nov-82	nov-07	18	17	35
102	33,20	340,60	276,90	nov-81	may-07	20	8	28
132	17,00	346,20	274,00	abr-81	abr-99	15	8	23
359	23,00	334,07	282,50	abr-81	abr-96	16	11	27
5765	24,10	329,15	297,55	nov-81	abr-91	10	8	18
11704	25,10	345,15	288,3	abr-81	may-90	10	8	18
742	10,00	341,70	291,05	abr-81	nov-07	19	12	31
11605	13,05	330,47	294,75	abr-81	abr-89	9	6	15
B6-V	78,00	342,05	268,55	abr-85	abr-99	12	5	17
7673	13,00	332,92	299,91	abr-81	nov-07	19	14	33
11683	20,90	333,53	297,75	abr-84	nov-07	13	13	26
11662	11,00	337,15	295,45	abr-81	nov-07	15	13	28
124	22,75	344,00	270,20	abr-81	may-07	17	5	22
506	16,70	340,71	300,25	abr-81	may-07	21	14	35
5758	20,00	353,65	25930	abr-88	may-07	15	2	17
10430	17,30	345,10	278,30	nov-81	may-07	19	7	26
L1-V	20,00	337,35	291,42	abr-83	nov-07	15	17	32
10499	15,52	335,50	274,60	oct-81	may-07	23	7	30
9033	26,40	338,60	274,90	nov-84	may-07	23	10	33
11104	13,74	339,80	266,80	nov-84	abr-01	11	6	17
B3-V	88,80	333,4	293,38	abr-82	may-03	10	8	18
B5-V	98,00	338,70	269,70	abr-82	abr-01	19	6	25
B8-V	119,00	334,40	284,45	nov-81	may-07	20	10	30
B9-V	64,00	341,55	270,60	nov-81	abr-99	16	8	24
B10-V	78,00	339,40	272,45	abr-82	abr-02	18	10	28

Tabla IV.1. Red de pozos de observación (subcuenca Sierra Maestra).

Pozo	PT	Coordenadas		Observación		No de observaciones		
		Este	Norte	Inicio	Final	Seco	Húmedo	Total
3999	12,50	365,60	256,30	oct-81	may-90	6	6	12
9270	6,75	373,65	273,25	abr-81	abr-84	4	2	6
10270	17,00	372,12	258,20	abr-81	oct-89	8	9	17
B4-SM	82,45	364,30	248,05	abr-85	abr-07	19	8	27
B11-SM	78,50	366,25	364,70	abr-85	oct-89	5	5	10
B3-SM	87,55	355,90	250,65	abr-88	abr-04	15	4	19
B1-SM	27,00	349,65	254,60	nov-85	may-05	15	8	23
B5-SM	84,00	359,00	248,80	nov-85	may-91	4	3	7
B7-SM	95,00	361,60	254,65	abr-88	may-90	3	2	5
B2-SM	61,00	353,75	255,55	abr-86	may-05	17	7	24
B9-SM	151,20	372,70	254,85	abr-85	oct-89	5	5	10
9255	12,48	366,45	245,70	abr-81	abr-90	10	6	16
161	18,56	346,25	266,55	abr-81	abr-89	7	1	8
L1-SM	24,40	355,672	255,136	abr-96	nov-06	11	5	16
5672	18,90	353,707	258,859	nov-81	abr-07	20	8	28
B13-SM	57,65	352,30	255,50	abr-84	oct-00	13	6	19

Tabla IV.1. Red de pozos de observación (subcuenca Najasa).

Pozo	PT	Coordenadas		Observación		No de observaciones		
		Este	Norte	Inicio	Final	Seco	Húmedo	Total
B10-N	60,00	397,60	233,04	abr-90	oct-98	8	8	16
B8-N	45,70	393,415	232,917	abr-90	may-07	18	10	28
L3-N	29,50	379,417	245,732	abr-82	oct-89	8	7	15
6734	14,12	382,10	240,50	abr-81	may-07	21	8	29
8595	5,60	377,95	234,40	abr-81	oct-00	17	11	28
B5-N	84,00	377,492	238,016	abr-84	abr-07	23	13	36
B3-N	29,00	391,07	235,80	abr-84	abr-07	23	19	42
B4-N	51,60	386,75	233,85	abr-84	abr-07	24	19	43
L2-N	24,00	386,297	238,403	abr-83	abr-07	24	12	36
B6-N	92,50	371,40	240,05	abr-84	abr-07	23	13	36
613	36,60	392,207	237,896	abr-81	abr-07	24	19	43
761	11,88	383,92	237,30	nov-84	abr-07	20	14	34
611	36,58	390,39	240,50	nov-81	abr-00	17	12	29
C2-N	24,73	386,45	248,95	abr-81	abr-98	14	7	21
220	23,80	380,900	236,100	abr-81	may-07	19	9	28
L1-N	24,30	374,527	244,456	nov-85	may-07	15	8	23
B7-N	66,00	396,688	237,398	abr-90	may-07	18	12	30
B1-N	24,40	385,260	243,185	abr-84	may-07	16	5	21

Tabla IV.2. Fecha, niveles, cotas máximas y mínimas, y amplitud de variación en los pozos en estudio.

	Registros máximos			Registros mínimos			
Pozos	Fecha	Nivel	cota	Fecha	Nivel	cota	Amplitud
399	10/88	5,23	4,34	4/87	12,37	-2,80	7,14
710	11/85	11,46	4,19	4/88	16,39	-0,74	4,93
674	10/99	+0.02	2,78	4/88	3,32	-0,56	3,34
7915	10/88	11,83	8,37	4/95	17,85	2,35	6,02
10844	11//81	8,30	23,60	4/05	18,80	13,10	10,50
11606	11/07	8,42	5,78	8/87	13,32	0,88	4,90
11663	11/99	2,51	3,75	4/82	6,95	-0,69	4,44
11674	10/99	9,16	6,14	4/88	15,34	-0,04	6,18
B1-F	11/02	0,70	4,21	8/87	6,02	-1,11	5,32
B4-F	10/95	1,99	4,17	8/85	6,97	-0,81	4,98
B10-F	10/99	2,90	5,10	4/88	7,14	0,86	4,24
L1-F	9/02	3,55	4,45	8/87	9,08	-1,08	5,53
680	10/99	+0,12	2,88	4/88	4,28	-1,52	4,40
11706	10/05	6,25	7,10	3/83	14,08	-0.73	7,83
374	11/96	6,50	5,15	7/87	12,66	-1,01	6,16
7910	11/88	11,87	8,63	8/85	20,30	0,20	8,43
357	10/94	4,22	8,03	10/94	10,03	2,22	5,81
11659	10/93	7,64	13,06	4/81	19,20	1,50	11,56
B11-V	9/88	2,58	6,39	4/05	7,18	1,79	4,6
102	10/88	1,90	9,83	4/01	6,78	4,95	4,88
132	9/88	1,26	16,29	2/83	10,38	7,17	9,12
359	10/90	0,35	4,13	4/91	2,11	2,37	1,76
5765	10/88	0,48	2,65	4/82	1,89	1,24	1,41
11704	8/83	2,36	15,94	4/81	11,05	7,25	8,69
742	10/99	6,46	10,14	4/85	15,13	1,47	8,67

Tabla IV.2. Fecha, niveles, cotas máximas y mínimas, y amplitud de variación en los pozos en estudio (continuación).

Pozos	Registros máximos			Registros mínimos			Amplitud
	Fecha	Nivel	cota	Fecha	Nivel	cota	
11605	11/83	0,31	2,70	4/84	2,05	0,96	1,74
B6-V	6/96	0,78	8,52	4/85	5,45	3,85	4,67
7673	10/99	3,00	5,36	4/82	7,00	1,36	4,00
11683	8/88	2,63	4,62	5/82	7,29	-0,04	4,66
11662	11/83	6,20	5,45	4/82	9,97	1,68	3,77
124	5/86	0,48	11,23	4/81	8,23	3,48	7,75
506	10/99	1,41	13,08	4/05	13,87	0,62	12,46
5758	8/88	4,82	5,43	5/82	10,35	-0,10	5,53
10430	10/90	1,40	5,70	4/83	10,45	-3,35	9,05
L1-V	8/88	4,07	7,58	5/86	10,08	1,57	6,01
10499	6/90y7/91	1,95	5,05	4/86	9,48	-2,48	7,53
9033	11/83	1,80	7,92	5/05	6,18	3,54	4,38
11104	4/96	0,99	4,07	4/90	5,03	0,03	4,04
B3-V	8/88	0,37	5,65	3/86	4,28	1,74	3,91
B5-V	8/88	0,04	6,96	4/85	3,78	3,22	3,74
B8-V	7/97	0,80	4,35	4/05	4,05	1,10	3,25
B9-V	6/86	1,12	8,73	3/85	6,45	3,40	5,33
B10-V	4/92	0,60	8,10	4/01	4,74	3,96	4,14
10270	10/87	4,21	33,04	4/87	8,81	28,44	4,60
B4-SM	10/95	3,19	5,69	4/86	7,72	1,16	4,53
B11-SM	10/88	2,74	43,26	4/85	5,32	40,68	2,58
B3-SM	7/81	+0,60	2,96	4/86	0,64	1,72	1,24
B1-SM	10/97	0,66	2,01	4/85	1,85	0,82	1,19

Tabla IV.2. Fecha, niveles, cotas máximas y mínimas, y amplitud de variación en los pozos en estudio (continuación).

Pozos	Registros máximos			Registros mínimos			Amplitud
	Facha	Nivel	cota	Facha	Nivel	cota	
B5-SM	10/81	0,30	5,95	3/85	1,71	4,54	1,41
B2-SM	10/00	3,62	2,01	8/85	5,60	0,03	1,98
9255	10/88	2,90	6,96	4/84	7,14	2,72	4,24
161	8 y 9/88	4,38	6,22	4/85	7,80	2,80	3,42
L1-SM	11/99	4,06	2,88	3/85	7,02	-0,08	2,96
5672	10/97	9,29	11,56	4/92	17,80	3,05	8,51
B13-SM	10/97	2,06	1,74	4/92	3,28	0,52	1,22
B10-N	10/98	1,70	2,65	1/99	3,00	1,35	1,30
B8-N	10/90	0,82	1,93	4/01	1,68	1,07	0,86
L3-N	10/88	6,97	17,08	4/05	17,85	6,20	10,88
6734	4/91	2,20	13,00	4/05	12,15	3,05	9,95
8595	10/88	2,64	4,38	4/05	4,93	2,09	2,29
B5-N	10/88	4,65	6,55	4/05	9,73	1,47	5,08
B3-N	11/81	1,90	5,55	4/05	5,41	2,04	3,51
B4-N	6/96	1,13	2,52	1/05	3,06	0,59	1,93
L2-N	11/81	1,76	9,24	1/05	7,60	3,40	5,84
B6-N	11/81	2,74	5,09	4/05	7,02	0,81	4,28
613	11/88	6,40	6,69	1/01	9,95	3,14	3,55
761	10/91y10/95	3,17	7,93	4/05	7,48	3,62	4,31
611	12/81	9,16	8,02	4/00	13,23	3,95	4,07
C2-N	11/81	17,40	26,80	4/82	20,60	23,60	3,20
220	10/95	3,91	5,99	4/90	8,24	1,66	4,33
L1-N	10/90	8,21	9,84	6/05	16,37	1,68	8,16
B7-N	10/95	7,18	5,62	4/05	9,82	2,98	2,64
B1-N	7/88	12,00	13,00	4/90	18,50	6,50	6,50

Tabla IV.3a. Valores de Z calculados en los pozos con cambios apreciables entre los períodos hidrológicos, muestras grandes.

Pozos	Valores de Z calculados					
	HCO_3^-	Cl^-	Ca^{2+}	Mg^{2+}	Na^+	SST
674	-2,708					
11606	-2,939		-3,062			-2,799
B1-F		-2,739				
B4-N	-3,106	-4,121		-3,448	-3,106	-3,937

Tabla IV.3b. Valores de U_1 calculados en los pozos con cambios apreciables entre los períodos hidrológicos, muestras pequeñas.

Pozo	n_1	n_2	$U_{Tabulado}$ $\alpha = 0{,}02$	$U_{Tabulado}$ $\alpha = 0{,}002$	Valores de U_1 calculados					
					HCO_3^-	Cl^-	Ca^{2+}	Mg^{2+}	Na^+	SST
710	17	11	29	44				33,5		
B8-N	18	10	27	41	35,5					

Tabla IV.4. Relación $muestraI / muestraII$ en los pozos con cambios hidrogeoquímicos apreciables entre los períodos hidrológicos.

	HCO_3^-	Cl^-	Ca^{2+}	Mg^{2+}	Na^+	SST
710				1,53		
674	1,18					
11606	1,29		1,38			1,13
B1-F		1,23				
B8-N	1,45					
B4-N	1,34	1,72		1,84	1,54	1,44

Tabla IV.5a. Valores de Z calculados en los pozos con cambios hidrogeoquímicos apreciables en el tiempo, muestras grandes.

Pozo	Fecha de cambio	n_1	n_2	Valores de Z calculados					
				HCO_3^-	Cl^-	Ca^{2+}	Mg^{2+}	Na^+	SST
7915	4/89	9	22	-3,52					-3,35
11663	10/88	12	20		-3,91				
11674	5/97	22	19		-5,13		-2,61		
B1-F	4/95	19	22		-3,93	-3,73			-3,22
674	10/93	20	20		-3,53	-2,75			-2,68
B5-N	4/01	26	10	-2,93	-2,93				-2,97
B3-N	10/93.	24	18	-5,05	-5,41	-4,88	-3,76	-4,89	-5,39
B4-N	10/93	18	25		-2,82	-4,01			-2,93
613	5/93	23	20	-4,80	-4,83	-5,11	-3,23	-4,30	-5,43

Tabla IV.5b. Valores de U_1 calculados en los pozos con cambios hidrogeoquímicos apreciables en el tiempo, muestras pequeñas.

Pozo	Fecha de cambio	n_1	n_2	$U_{Tabulado}$ $\alpha = 0.02$	$U_{Tabulado}$ $\alpha = 0.002$	Valores de U_1 calculados					
						HCO_3^-	Cl^-	Ca^{2+}	Mg^{2+}	Na^+	SST
710	4/95	20	8	34	21		27,5				
11606	4/93	19	15	75	55		51,0			55,0	
680	5/97	8	10	13	6		9,5				
B11-V	10/97	18	17	82	61	40,0	64,0	69,0	39,0		40,0
359	10/88	16	11	41	27	23,5					31,0
11683	5/92	14	12	38	25				14,0		
124	10/01	13	9	63	45	1,5		7,0			2,0
506	4/94	18	17	82	61	13,0		25,0			36,0
10430	10/96	18	8	30	18			22.0			
L1-V	4/92	14	18	65	46	8,0	34,0	25,0	46,0		2,0
10499	10/89	13	17	59	38	40,0			42,0		
9033	4/95	15	18	70	51	14,5	47,0	57,5			23,0
B9-V	4/92	16	8	26	15	3,0		5,5	18,0		4,0
B10-V	10/87	9	19	38	25						32,0
B4-SM	4/93	10	17	38	25	4,0	13,5	11,5		33,5	0,0
B1-SM	4/96	9	13	23	14		0,0	6,5		10,0	0,0
B2-SM	4/97	12	12	31	20		4,5				
5672	4/96	18	10	41	27	31,5	29,0	14,5			14,0
8595	5/91	19	9	38	25				30,5		
611	10/90	13	16	51	35		41,5	42,0		39,0	45,0
220	4/93	18	10	41	27	30,0		27,0			
L1-N	4/00	14	9	26	15			6,0			19,0

Tabla IV.6. Relación $^{muestraI}/_{muestraII}$ de los pozos con cambios hidrogeoquímicos apreciables en el tiempo.

Pozo	Valores de Z calculados					
	HCO_3^-	Cl^-	Ca^{2+}	Mg^{2+}	Na^+	SST
710		1,54				
7915	0,73					0,76
11606		0,74			0,52	
11663		0,68				
11674		0,57		0,67		
B1-F		1,29	1,30			1,12
674		1,24	1,32			1,18
680		0,81				
B11-V	0,60	0,27	0,46	0,30		0,49
359	1,21					1,14
11683				0,51		
124	1,45		1,59			1,41
10430			0,29		0,68	
L1-V	0,65	0,53	0,54	0,43		0,64
10499	1,29			1,20		
9033	1,42	0,80	1,36			1,28
B9-V	1,70		1,42	1,44		1,41
B10-V						1,18
506	1,64		1,66			1,32
B4-SM	1,31	1,77	1,64		1,33	1,37
B1-SM		1,50	1,58		1,71	1,45
B2-SM		2,45				
5672	1,48	1,33	1,69		1,65	1,41
8595				0,64		
B5-N	0,72	0,63				0,73
B3-N	1,60	3,06	1,90	2,08	2,33	1,98
B4-N		1,40	1,49			1,29
613	1,81	1,64	2,10	1,41	1,59	1,71
611		2,90	1,61		2,30	1,65
220	1,30		1,30			
L1-N			1,74			1,23

Tabla IV.7. Estadísticos fundamentales de los pozos de la Cuenca.

No	Estadístico	CO_3^{2-}	HCO_3^-	Cl^-	SO_4^{2-}	NO_3^-	Ca^{2+}
399	promedio	0,0	287,5	96,4	10,5	4,5	92,5
	desv. Est.	0,0	98,7	34,9	12,0	5,6	32,1
	coef. Var.	-	0,3	0,4	1,1	1,26	0,3
	máximo	0,0	372,1	184,6	41,8	14,88	136
	mínimo	0	18,3	31,9	1,4	0,0	20
710	promedio	2,2	348,9	154,5	19,1	2,3	111,6
	desv. Est.	8,2	129,9	71,7	17,7	4,2	23,5
	coef. Var.	3,7	0,4	0,5	0,9	1,8	0,2
	máximo	36,0	921,1	294,7	79,7	14,9	168,0
	mínimo	0,0	201,3	49,7	0,0	0,0	72,0
674	promedio	2,9	271,1	56,9	7,1	2,2	67,6
	desv. Est.	6,9	57,7	16,9	5,8	4,9	19,6
	coef. Var.	2,4	0,2	0,3	0,8	2,3	0,3
	máximo	30,0	366,0	126,0	24,0	22,3	104,0
	mínimo	0,0	122,0	24,9	0,0	0,0	24,0
7915	promedio	2,2	293,6	34,9	6,5	2,3	57,9
	desv. Est.	5,1	59,2	17,7	8,0	3,9	16,7
	coef. Var.	2,3	0,2	0,5	1,2	1,7	0,3
	máximo	15,0	387,4	99,4	33,6	9,9	92,0
	mínimo	0,0	183,0	14,2	0,0	0,0	26,0
10844	promedio	2,7	305,6	31,8	5,9	1,6	59,4
	desv. Est.	6,6	82,6	8,4	6,0	3,5	21,0
	coef. Var.	2,5	0,3	0,3	1,0	2,2	0,4
	máximo	21,0	500,2	60,4	19,2	9,9	100,0
	mínimo	0,0	183,0	17,8	0,0	0,0	20,0
11606	promedio	1,2	289,1	40,6	14,0	2,5	58,3
	desv. Est.	5,1	71,2	27,6	28,8	4,4	20,2
	coef. Var.	4,1	0,2	0,7	2,0	1,8	0,3
	máximo	24,0	390,4	166,9	134,4	15,5	112,0
	mínimo	0,0	109,8	21,3	0,0	0,0	12,4
11663	promedio	1,5	257,3	50,0	3,9	1,9	49,6
	desv. Est.	4,8	29,4	14,3	2,9	3,7	14,2
	coef. Var.	3,2	0,1	0,3	0,7	1,9	0,3
	máximo	18,0	323,3	85,2	12,0	11,2	92,0
	mínimo	0,0	176,9	24,9	0,0	0,0	24,0
11674	promedio	1,6	316,5	95,0	13,7	3,9	94,5
	desv. Est.	6,9	55,2	36,0	9,0	6,8	24,9
	coef. Var.	4,3	0,2	0,4	0,7	1,8	0,3
	máximo	39,0	414,8	198,8	36,0	37,8	184,0
	mínimo	0,0	195,2	53,3	0,0	0,0	48,0
B1-F	promedio	1,5	317,4	66,9	19,2	2,2	103,3
	desv. Est.	4,5	50,8	14,8	13,2	4,1	25,4
	coef. Var.	3,0	0,2	0,2	0,7	1,8	0,2
	máximo	18,0	372,1	92,3	57,6	14,9	136,0
	mínimo	0,0	122,0	35,5	0,0	0,0	48,0

Tabla IV.7. Estadísticos fundamentales de los pozos de la Cuenca (continuación).

No	Estadístico	Mg^{2+}	Na^{+}	K^{+}	SST	R
399	promedio	24,4	24,2	0,2	540	1,01
	desv. Est.	10,1	9,9	0,4	157	1,79
	coef. Var.	0,4	0,4	2,7	0,3	1,77
	máximo	45,6	46	1,2	761	7,67
	mínimo	8,4	11,5	0	153	0,26
710	promedio	36,6	41,4	5,1	721,7	0,84
	desv. Est.	14,9	17,5	23,5	183,3	0,47
	coef. Var.	0,4	0,4	4,7	0,3	0,57
	máximo	84,0	82,3	124,8	1370,8	2,24
	mínimo	16,8	15,0	0,0	479	0,11
674	promedio	22,4	24,7	0,6	455,5	0,36
	desv. Est.	9,2	8,6	1,6	86,9	0,13
	coef. Var.	0,4	0,3	2,9	0,2	0,37
	máximo	48,0	48,3	7,8	596,2	1,09
	mínimo	4,8	8,3	0,0	206,0	0,23
7915	promedio	30,3	13,4	0,8	441,9	0,21
	desv. Est.	8,8	8,6	3,1	74,6	0,14
	coef. Var.	0,3	0,6	3,7	0,2	0,63
	máximo	52,8	40,3	15,6	547,1	0,65
	mínimo	15,6	0,0	0,0	306,7	0,09
10844	promedio	30,6	14,3	0,4	452,3	0,19
	desv. Est.	11,8	7,7	1,5	101,3	0,06
	coef. Var.	0,4	0,5	3,8	0,2	0,34
	máximo	69,6	41,4	7,8	668,5	0,34
	mínimo	10,3	3,0	0,0	293,5	0,07
11606	promedio	28,9	20,3	1,2	456,3	0,31
	desv. Est.	9,4	15,6	3,8	59,0	0,39
	coef. Var.	0,3	0,8	3,1	0,1	1,26
	máximo	52,8	69,0	17,9	579,2	2,14
	mínimo	4,8	2,8	0,0	340,6	0,12
11663	promedio	25,0	27,5	0,1	416,8	0,33
	desv. Est.	8,4	7,5	0,3	41,4	0,12
	coef. Var.	0,3	0,3	3,9	0,1	0,35
	máximo	48,0	49,0	1,2	493,0	0,77
	mínimo	7,2	13,8	0,0	293,1	0,18
11674	promedio	27,9	27,3	0,5	580,9	0,53
	desv. Est.	12,1	15,9	1,6	96,8	0,24
	coef. Var.	0,4	0,6	3,1	0,2	0,46
	máximo	69,6	69,0	7,8	823,2	1,16
	mínimo	9,6	6,0	0,0	399,9	0,26
B1-F	promedio	15,4	24,9	1,1	551,8	0,37
	desv. Est.	11,2	9,3	2,4	73,2	0,14
	coef. Var.	0,7	0,4	2,2	0,1	0,37
	máximo	45,6	57,5	9,8	662,6	1,05
	mínimo	2,4	9,2	0,0	351,0	0,17

Tabla IV.7. Estadísticos fundamentales de los pozos de la Cuenca.

No	Estadístico	CO_3^{2-}	HCO_3^-	Cl^-	SO_4^{2-}	NO_3^-	Ca^{2+}
B4-F	promedio	3,00	251,72	61,40	9,23	0,50	60,18
	desv. Est.	7,07	39,28	17,66	10,40	1,98	14,59
	coef. Var.	2,36	0,16	0,29	1,13	3,93	0,24
	máximo	27	292,8	99,4	46,08	8,06	84
	mínimo	0	109,8	28,4	0	0	28
B10-F	promedio	2,3	197,2	89,5	26,5	1,2	52,5
	desv. Est.	6,2	57,1	50,2	17,6	2,9	18,7
	coef. Var.	2,7	0,3	0,6	0,7	2,4	0,4
	máximo	24,0	329,4	191,7	81,6	8,1	96,0
	mínimo	0,0	91,5	21,3	0,0	0,0	20,0
L1-F	promedio	1,1	137,0	81,0	10,5	37,1	41,3
	desv. Est.	4,3	96,1	30,9	8,7	81,4	26,6
	coef. Var.	3,8	0,7	0,4	0,8	2,2	0,6
	máximo	18,0	329,4	142,0	38,4	415,4	96,0
	mínimo	0,0	18,3	21,3	0,0	0,0	12,0
680	promedio	6,4	210,6	131,6	13,9	15,6	62,9
	desv. Est.	17,1	76,4	46,8	9,9	61,8	24,7
	coef. Var.	2,7	0,4	0,4	0,7	4,0	0,4
	máximo	70,7	286,7	166,9	38,4	263,0	100,0
	mínimo	0,0	8,2	7,9	1,4	0,0	3,8
11706	promedio	1,2	250,7	78,2	9,4	2,3	69,1
	desv. Est.	3,9	56,7	35,1	8,7	3,9	22,5
	coef. Var.	3,2	0,2	0,4	0,9	1,7	0,3
	máximo	15,0	323,3	149,1	27,8	9,9	112,0
	mínimo	0,0	91,5	14,2	0,0	0,0	36,0
374	promedio	3,4	339,0	45,9	7,2	1,0	97,0
	desv. Est.	9,5	61,4	20,0	3,4	2,8	14,2
	coef. Var.	2,8	0,2	0,4	0,5	2,8	0,1
	máximo	27,0	427,0	92,3	12,0	8,1	125,6
	mínimo	0,0	222,7	28,0	2,9	0,0	84,0
7910	promedio	4,6	273,4	48,9	18,9	2,2	61,0
	desv. Est.	8,4	42,9	25,8	16,1	3,8	17,2
	coef. Var.	1,8	0,2	0,5	0,9	1,7	0,3
	máximo	24,0	366,0	111,8	48,0	8,1	103,0
	mínimo	0,0	225,7	20,9	0,0	0,0	40,0
357	promedio	4,0	275,5	67,3	10,3	4,1	71,0
	desv. Est.	6,7	43,3	21,1	7,2	5,7	26,0
	coef. Var.	1,7	0,2	0,3	0,7	1,4	0,4
	máximo	18,0	347,7	114,0	28,8	16,7	124,0
	mínimo	0,0	195,2	42,6	1,4	0,0	36,0
11659	promedio	2,7	348,0	85,1	18,1	1,5	90,3
	desv. Est.	6,2	58,8	34,6	12,4	3,2	16,9
	coef. Var.	2,3	0,2	0,4	0,7	2,1	0,2
	máximo	21,0	488,0	177,9	51,8	8,1	131,8
	mínimo	0,0	207,4	40,8	0,0	0,0	56,0

Tabla IV.7. Estadísticos fundamentales de los pozos de la Cuenca (continuación).

No	Estadístico	Mg^{2+}	Na^{+}	K^{+}	SST	R
B4-F	promedio	23,1	27,72	0,8	437,7	0,43
	desv. Est.	9,47	9,09	1,9	52,0	0,16
	coef. Var.	0,41	0,33	2,3	0,12	0,39
	máximo	48	53,36	7,8	530,3	0,89
	mínimo	7,2	13,8	0	287,3	0,17
B10-F	promedio	26,2	34,8	2,5	432,8	0,78
	desv. Est.	9,7	16,2	4,3	115,8	0,43
	coef. Var.	0,4	0,5	1,7	0,3	0,55
	máximo	48,0	62,1	11,7	630,0	2,09
	mínimo	10,3	10,4	0,0	193,4	0,19
L1-F	promedio	20,6	40,0	2,2	370,8	2,02
	desv. Est.	8,8	21,3	4,1	121,8	2,54
	coef. Var.	0,4	0,5	1,9	0,3	1,26
	máximo	43,2	82,8	15,6	767,8	13,33
	mínimo	7,2	12,7	0,0	202,5	0,13
680	promedio	35,4	37,9	0,4	514,8	1,02
	desv. Est.	9,6	17,8	1,3	105,4	0,28
	coef. Var.	0,3	0,5	2,9	0,2	0,27
	máximo	55,2	69,2	3,9	699,0	1,54
	mínimo	16,2	1,8	0,0	182,4	0,40
11706	promedio	25,2	23,3	0,5	460,0	0,58
	desv. Est.	9,4	10,1	2,0	92,6	0,39
	coef. Var.	0,4	0,4	3,9	0,2	0,67
	máximo	45,6	45,3	7,8	638,8	1,81
	mínimo	12,0	9,2	0,0	324,6	0,09
374	promedio	20,9	11,1	1,5	526,9	0,24
	desv. Est.	10,2	6,5	2,9	90,0	0,10
	coef. Var.	0,5	0,6	2,0	0,2	0,42
	máximo	31,2	20,7	7,8	629,1	0,43
	mínimo	7,2	2,5	0,0	361,9	0,11
7910	promedio	32,2	17,4	2,1	460,8	0,32
	desv. Est.	9,4	9,7	4,7	62,5	0,20
	coef. Var.	0,3	0,6	2,2	0,1	0,63
	máximo	50,0	33,4	15,6	548,9	0,83
	mínimo	17,0	2,1	0,0	386,4	0,14
357	promedio	31,3	14,5	0,2	478,3	0,42
	desv. Est.	13,2	9,3	0,9	76,9	0,12
	coef. Var.	0,4	0,6	4,2	0,2	0,27
	máximo	57,6	36,8	3,9	647,3	0,59
	mínimo	9,6	0,9	0,0	393,9	0,26
11659	promedio	35,4	25,2	0,3	606,7	0,43
	desv. Est.	15,8	10,8	0,9	98,1	0,19
	coef. Var.	0,4	0,4	3,3	0,2	0,44
	máximo	74,0	54,5	3,9	828,7	0,90
	mínimo	14,0	9,2	0,0	424,5	0,23

Tabla IV.7. Estadísticos fundamentales de los pozos de la Cuenca.

No	Estadístico	CO_3^{2-}	HCO_3^-	Cl^-	SO_4^{2-}	NO_3^-	Ca^{2+}
B11-V	promedio	3,1	253,8	79,3	20,1	1,9	67,7
	desv. Est.	7,3	99,5	75,3	22,3	3,9	45,4
	coef. Var.	2,4	0,4	0,9	1,1	2,1	0,7
	máximo	30,0	445,3	255,6	85,4	14,9	168,0
	mínimo	0,0	67,1	2,5	0,0	0,0	12,0
102	promedio	2,3	235,0	40,5	7,7	4,2	50,6
	desv. Est.	4,9	68,8	18,2	8,5	4,9	16,9
	coef. Var.	2,2	0,3	0,4	1,1	1,2	0,3
	máximo	18,0	384,3	85,2	38,4	14,9	81,6
	mínimo	0,0	109,8	7,1	0,0	0,0	24,0
132	promedio	0,0	298,1	53,1	13,0	6,6	77,4
	desv. Est.	0,2	60,8	10,7	6,3	5,5	19,9
	coef. Var.	4,8	0,2	0,2	0,5	0,8	0,3
	máximo	1,0	384,3	71,0	27,8	14,9	108,0
	mínimo	0,0	146,4	32,0	1,4	0,0	28,0
359	promedio	0,9	316,9	59,2	10,0	3,1	71,5
	desv. Est.	4,6	48,0	18,0	6,3	5,4	21,0
	coef. Var.	5,2	0,2	0,3	0,6	1,7	0,3
	máximo	24,0	427,0	124,3	30,2	19,8	160,0
	mínimo	0,0	207,4	26,6	0,0	0,0	36,0
5765	promedio	0,0	311,6	106,5	42,2	5,3	78,4
	desv. Est.	0,0	48,8	59,3	46,0	5,4	20,5
	coef. Var.	-	0,2	0,6	1,1	1,0	0,3
	máximo	0,0	420,9	248,5	144,0	18,6	112,0
	mínimo	0,0	244,0	17,8	1,9	0,0	44,0
11704	promedio	0,0	535,1	388,1	63,1	3,4	94,3
	desv. Est.	0,0	41,7	56,0	25,6	5,4	22,3
	coef. Var.	-	0,1	0,1	0,4	1,6	0,2
	máximo	0,0	640,5	461,5	105,6	14,9	148,0
	mínimo	0,0	469,7	213,0	19,2	0,0	40,0
742	promedio	1,1	322,3	102,2	12,9	4,2	92,6
	desv. Est.	3,6	74,8	73,7	12,6	4,7	31,7
	coef. Var.	3,2	0,2	0,7	1,0	1,1	0,3
	máximo	12,0	488,0	426,0	48,0	14,9	150,0
	mínimo	0,0	115,9	17,8	0,0	0,0	36,0
11605	promedio	0,0	296,1	101,5	12,4	3,5	72,0
	desv. Est.	0,0	68,2	36,0	16,7	4,4	25,3
	coef. Var.	-	0,2	0,4	1,3	1,3	0,4
	máximo	0,0	378,2	152,7	57,6	9,9	126,0
	mínimo	0,0	115,9	32,0	0,0	0,0	40,0
B6-V	promedio	0,0	216,0	44,0	16,6	3,4	58,0
	desv. Est.	0,0	81,0	17,9	10,8	4,9	15,5
	coef. Var.	-	0,4	0,4	0,6	1,5	0,3
	máximo	0,0	347,7	78,1	40,3	14,9	76,0
	mínimo	0,0	67,1	17,8	1,4	0,0	20,0

Tabla IV.7. Estadísticos fundamentales de los pozos de la Cuenca (continuación).

No	Estadístico	Mg^{2+}	Na^{+}	K^{+}	SST	R
B11-V	promedio	25,9	29,2	5,2	486,2	0,46
	desv. Est.	25,0	20,9	8,0	251,4	0,31
	coef. Var.	1,0	0,7	1,5	0,5	0,67
	máximo	129,6	108,1	27,3	984,2	1,27
	mínimo	2,4	3,5	0,0	144,1	0,03
102	promedio	22,6	18,8	1,5	383,2	0,28
	desv. Est.	8,2	10,7	6,0	104,0	0,09
	coef. Var.	0,4	0,6	4,1	0,3	0,32
	máximo	40,8	54,1	31,2	608,3	0,61
	mínimo	8,4	4,6	0,0	177,3	0,11
132	promedio	17,1	33,6	0,1	498,9	0,32
	desv. Est.	6,5	9,9	0,2	89,5	0,08
	coef. Var.	0,4	0,3	4,6	0,2	0,25
	máximo	33,6	58,4	1,2	621,0	0,52
	mínimo	2,4	20,7	0,0	294,8	0,2
359	promedio	28,8	26,2	0,3	516,8	0,32
	desv. Est.	6,9	9,9	1,0	74,0	0,11
	coef. Var.	0,2	0,4	3,3	0,1	0,33
	máximo	36,0	49,5	4,3	772,6	0,65
	mínimo	9,6	6,9	0,0	320,7	0,13
5765	promedio	26,8	64,3	3,0	638,0	0,58
	desv. Est.	11,1	31,4	5,0	180,8	0,31
	coef. Var.	0,4	0,5	1,7	0,3	0,54
	máximo	15,6	126,5	12,5	1022,4	1,49
	mínimo	4,8	27,6	0,0	425,7	0,10
11704	promedio	59,3	262,4	0,0	1405,8	1,25
	desv. Est.	14,2	40,4	0,0	122,7	0,19
	coef. Var.	0,2	0,2	-	0,1	0,15
	máximo	93,6	335,8	0,0	1649,9	1,48
	mínimo	31,2	161,0	0,0	1138,9	0,68
742	promedio	27,1	35,8	3,1	601,4	0,57
	desv. Est.	18,0	41,7	5,5	175,1	0,45
	coef. Var.	0,7	1,2	1,8	0,3	0,80
	máximo	84,0	243,8	21,1	1311,4	2,47
	mínimo	2,4	6,9	0,0	307,5	0,11
11605	promedio	23,8	53,8	4,0	567,1	0,63
	desv. Est.	9,3	17,4	5,5	106,8	0,33
	coef. Var.	0,4	0,3	1,4	0,2	0,52
	máximo	40,8	78,2	16,4	728,9	1,58
	mínimo	4,8	25,3	0,0	380,0	0,24
B6-V	promedio	17,4	18,2	0,8	374,3	0,45
	desv. Est.	7,8	10,5	2,0	100,6	0,35
	coef. Var.	0,5	0,6	2,5	0,3	0,78
	máximo	37,2	49,0	7,8	515,6	1,2
	mínimo	0,0	2,3	0,0	184,0	0,1

Tabla IV.7. Estadísticos fundamentales de los pozos de la Cuenca.

No	Estadístico	CO_3^{2-}	HCO_3^-	Cl^-	SO_4^{2-}	NO_3^-	Ca^{2+}
7673	promedio	2,7	311,6	63,9	13,4	4,6	79,7
	desv. Est.	6,0	59,8	24,0	17,3	6,4	18,7
	coef. Var.	2,2	0,2	0,4	1,3	1,4	0,2
	máximo	21,0	414,8	142,0	72,0	26,7	132,0
	mínimo	0,0	170,8	26,6	0,0	0,0	32,0
11683	promedio	3,7	328,0	117,4	35,8	1,0	97,1
	desv. Est.	7,3	76,0	68,3	37,2	2,8	34,4
	coef. Var.	2,0	0,2	0,6	1,0	2,8	0,4
	máximo	24,0	439,2	273,4	177,6	9,9	176,4
	mínimo	0,0	140,3	21,3	0,5	0,0	28,0
11662	promedio	2,0	367,4	77,1	11,9	2,0	111,4
	desv. Est.	6,3	51,2	22,7	7,2	4,0	23,4
	coef. Var.	3,1	0,1	0,3	0,6	2,0	0,2
	máximo	27,0	451,4	120,7	24,0	14,9	179,2
	mínimo	0,0	237,9	30,2	0,0	0,0	60.0
124	promedio	3,8	242,0	58,9	15,3	4,5	70,1
	desv. Est.	7,9	56,6	22,0	9,9	6,8	21,3
	coef. Var.	2,1	0,2	0,4	0,6	1,5	0,3
	máximo	24,0	341,6	149,1	36,5	27,3	120,0
	mínimo	0,0	109,8	39,1	0,0	0,0	32,0
506	promedio	2,7	431,8	84,2	11,2	2,9	94,7
	desv. Est.	6,8	131,9	56,9	9,3	4,9	32,6
	coef. Var.	2,5	0,3	0,7	0,8	1,7	0,3
	máximo	24,0	616,1	333,7	32,6	15,5	152,0
	mínimo	0,0	128,1	21,3	0,0	0,0	24,8
5758	promedio	4,9	246,9	87,4	14,0	0,9	54,6
	desv. Est.	9,5	114,5	43,4	12,2	2,7	25,1
	coef. Var.	2,0	0,5	0,5	0,9	2,8	0,5
	máximo	36,0	445,3	152,7	43,2	8,1	103,0
	mínimo	0,0	91,5	21,3	0,0	0,0	24,0
10430	promedio	2,4	307,4	68,1	29,7	11,1	59,9
	desv. Est.	5,7	79,6	30,0	16,1	23,4	18,8
	coef. Var.	2,4	0,3	0,4	0,5	2,1	0,3
	máximo	21,0	457,5	124,3	76,8	109,7	92,0
	mínimo	0,0	201,3	32,0	12,0	0,0	24,0
L1-V	promedio	1,4	243,4	51,2	11,6	3,4	66,4
	desv. Est.	3,8	66,1	31,2	11,2	4,8	28,9
	coef. Var.	2,7	0,3	0,6	1,0	1,4	0,4
	máximo	12,0	372,1	145,9	48,0	14,9	120,0
	mínimo	0,0	128,1	10,7	0,0	0,0	24,0
10499	promedio	1,6	303,3	44,8	6,6	3,3	59,2
	desv. Est.	4,3	70,1	9,8	7,3	4,1	17,1
	coef. Var.	2,7	0,2	0,2	1,1	1,2	0,3
	máximo	15,0	475,8	74,6	29,3	9,9	88,0
	mínimo	0,0	128,1	14,2	0,0	0,0	24,0

Tabla IV.7. Estadísticos fundamentales de los pozos de la Cuenca (continuación).

No	Estadístico	Mg^{2+}	Na^{+}	K^{+}	SST	R
7673	promedio	28,2	22,6	0,6	527,2	0,36
	desv. Est.	12,1	19,9	1,7	88,3	0,13
	coef. Var.	0,4	0,9	2,9	0,2	0,38
	máximo	53,0	112,2	7,8	742,1	0,67
	mínimo	3,2	4,6	0,0	396,2	0,13
11683	promedio	31,4	49,6	0,8	664,8	0,58
	desv. Est.	14,6	33,2	1,5	214,2	0,26
	coef. Var.	0,5	0,7	1,9	0,3	0,45
	máximo	67,2	134,3	3,9	1229,0	1,22
	mínimo	14,4	3,9	0,0	290,2	0,19
11662	promedio	19,3	29,4	0,9	621,3	0,37
	desv. Est.	12,9	11,2	2,2	72,6	0,14
	coef. Var.	0,7	0,4	2,6	0,1	0,38
	máximo	57,6	66,7	7,8	767,5	0,87
	mínimo	2,0	13,8	0,0	503,7	0,13
124	promedio	17,9	27,0	1,8	441,3	0,42
	desv. Est.	8,8	11,7	2,6	96,4	0,16
	coef. Var.	0,5	0,4	1,4	0,2	0,38
	máximo	42,4	55,2	7,8	650,5	1,00
	mínimo	6,6	6,9	0,0	257,4	0,25
506	promedio	41,2	37,0	0,7	706,5	0,39
	desv. Est.	15,7	37,8	2,0	170,6	0,32
	coef. Var.	0,4	1,0	3,0	0,2	0,83
	máximo	88,8	218,5	7,8	1030,2	1,65
	mínimo	11,4	8,1	0,0	214,5	0,10
5758	promedio	34,0	29,4	3,7	475,7	0,71
	desv. Est.	15,9	12,4	10,4	180,5	0,40
	coef. Var.	0,5	0,4	2,8	0,4	0,57
	máximo	62,4	57,5	42,9	792,6	1,72
	mínimo	9,6	11,0	0,0	212,1	0,12
10430	promedio	22,6	61,9	11,0	574,0	0,37
	desv. Est.	8,6	28,7	14,0	145,6	0,10
	coef. Var.	0,4	0,5	1,3	0,3	0,28
	máximo	45,6	122,1	50,7	848,4	0,56
	mínimo	9,6	6,9	0,0	354,7	0,17
L1-V	promedio	16,4	23,4	1,0	418,2	0,36
	desv. Est.	16,0	11,4	2,1	116,3	0,16
	coef. Var.	1,0	0,5	2,1	0,3	0,46
	máximo	88,8	51,8	9,4	710,2	0,84
	mínimo	2,4	2,3	0,0	222,8	0,08
10499	promedio	32,5	18,0	0,4	469,6	0,27
	desv. Est.	5,6	9,3	1,2	88,0	0,15
	coef. Var.	0,2	0,5	2,9	0,2	0,55
	máximo	43,2	50,8	3,9	699,2	1,00
	mínimo	19,2	6,9	0,0	288,9	0,07

Tabla IV.7. Estadísticos fundamentales de los pozos de la Cuenca.

No	Estadístico	CO_3^{2-}	HCO_3^-	Cl^-	SO_4^{2-}	NO_3^-	Ca^{2+}
9033	promedio	2,3	279,3	39,9	4,9	2,4	57,8
	desv. Est.	5,0	63,5	8,6	5,7	3,8	21,4
	coef. Var.	2,2	0,2	0,2	1,2	1,5	0,4
	máximo	15,0	359,9	68,2	21,6	8,1	116,0
	mínimo	0,0	146,4	14,2	0,0	0,0	16,0
11104	promedio	1,8	306,3	48,3	7,1	3,4	65,8
	desv. Est.	7,3	50,3	7,1	5,1	4,9	17,2
	coef. Var.	4,1	0,2	0,1	0,7	1,5	0,3
	máximo	30,0	393,5	63,9	20,2	14,9	92,0
	mínimo	0,0	201,3	32,0	0,0	0,0	24,0
B3-V	promedio	0,0	341,9	107,2	45,2	4,3	72,7
	desv. Est.	0,0	116,8	58,1	48,2	5,1	17,4
	coef. Var.	-	0,3	0,5	1,1	1,2	0,2
	máximo	0,0	677,1	266,3	204,0	14,9	116,0
	mínimo	0,0	189,1	56,8	6,7	0,0	40,0
B5-V	promedio	2,5	347,6	39,6	6,3	2,8	65,8
	desv. Est.	7,3	70,9	8,7	5,6	4,9	23,0
	coef. Var.	2,9	0,2	0,2	0,9	1,7	0,4
	máximo	30,0	451,4	63,9	20,2	14,9	116,0
	mínimo	0,0	213,5	14,2	0,0	0,0	28,0
B8-V	promedio	4,2	289,9	89,6	39,9	2,9	67,2
	desv. Est.	9,7	56,4	53,7	23,5	6,5	25,2
	coef. Var.	2,3	0,2	0,6	0,6	2,3	0,4
	máximo	42,0	396,5	301,8	95,0	31,0	173,0
	mínimo	0,0	170,8	32,0	0,0	0,0	28,0
B9-V	promedio	0,3	332,1	64,6	20,0	4,1	83,1
	desv. Est.	1,2	88,6	35,2	12,8	5,2	17,9
	coef. Var.	4,9	0,3	0,5	0,6	1,3	0,2
	máximo	6,0	433,1	209,5	60,5	14,9	120,0
	mínimo	0,0	158,6	24,9	0,0	0,0	44,0
B10-V	promedio	2,7	247,6	60,7	24,9	3,1	59,6
	desv. Est.	7,5	68,7	21,2	18,6	4,4	16,2
	coef. Var.	2,8	0,3	0,3	0,7	1,4	0,3
	máximo	27,0	372,1	113,6	82,6	14,9	100,0
	mínimo	0,0	152,5	17,8	0,0	0,0	28,0
3999	promedio	0,0	413,8	92,3	16,6	1,6	104,0
	desv. Est.	0,0	28,0	24,6	8,6	5,4	15,3
	coef. Var.	-	0,1	0,3	0,5	3,5	0,1
	máximo	0,0	445,3	138,5	32,6	18,6	128,0
	mínimo	0,0	366,0	63,9	6,2	0,0	70,0
9270	promedio	0,0	404,6	478,1	146,4	0,0	234,7
	desv. Est.	0,0	31,7	238,7	69,2	0,0	84,8
	coef. Var.	-	0,1	0,5	0,5	-	0,4
	máximo	0,0	433,1	727,8	216,0	0,0	324,0
	mínimo	0,0	347,7	32,0	19,2	0,0	84,0

Tabla IV.7. Estadísticos fundamentales de los pozos de la Cuenca (continuación).

No	Estadístico	Mg^{2+}	Na^{+}	K^{+}	SST	R
9033	promedio	27,9	15,3	0,2	430,0	0,27
	desv. Est.	9,5	7,4	0,5	75,0	0,13
	coef. Var.	0,3	0,5	3,1	0,2	0,47
	máximo	57,6	44,6	2,2	557,3	0,80
	mínimo	2,4	3,5	0,0	271,4	0,07
11104	promedio	28,4	21,5	0,0	482,5	0,28
	desv. Est.	7,9	10,1	0,0	63,9	0,05
	coef. Var.	0,3	0,5	-	0,1	0,19
	máximo	50,4	50,6	0,0	585,4	0,37
	mínimo	14,4	5,8	0,0	334,6	0,21
B3-V	promedio	22,0	99,2	0,1	692,6	0,54
	desv. Est.	8,9	84,3	0,5	292,9	0,22
	coef. Var.	0,4	0,8	4,2	0,4	0,40
	máximo	45,6	391,0	2,0	1606,3	1,23
	mínimo	12,0	34,5	0,0	396,3	0,35
B5-V	promedio	35,1	18,9	0,5	519,1	0,21
	desv. Est.	11,7	11,6	1,2	87,2	0,07
	coef. Var.	0,3	0,6	2,4	0,2	0,32
	máximo	57,6	52,9	4,3	646,2	0,34
	mínimo	9,6	4,6	0,0	325,5	0,06
B8-V	promedio	28,2	56,8	1,8	580,4	0,58
	desv. Est.	12,0	25,4	2,9	140,5	0,30
	coef. Var.	0,4	0,4	1,6	0,2	0,53
	máximo	68,4	150,7	9,8	1129,1	1,31
	mínimo	14,4	23,0	0,0	405,8	0,17
B9-V	promedio	23,5	36,5	1,2	565,2	0,37
	desv. Est.	6,5	33,8	5,5	128,0	0,21
	coef. Var.	0,3	0,9	4,4	0,2	0,58
	máximo	32,4	184,0	26,9	961,8	0,89
	mínimo	4,8	4,6	0,0	300,1	0,11
B10-V	promedio	20,9	35,4	5,0	459,8	0,48
	desv. Est.	8,6	15,1	7,3	76,0	0,26
	coef. Var.	0,4	0,4	1,5	0,2	0,53
	máximo	48,0	64,4	23,4	591,1	1,04
	mínimo	9,6	6,9	0,0	307,8	0,09
3999	promedio	31,0	47,6	0,0	706,9	0,38
	desv. Est.	10,4	12,9	0,0	56,8	0,10
	coef. Var.	0,3	0,3	-	0,1	0,26
	máximo	48,0	69,0	0,0	787,6	0,62
	mínimo	19,2	29,9	0,0	615,7	0,26
9270	promedio	59,6	152,6	0,0	1475,9	1,98
	desv. Est.	22,6	53,4	0,0	480,5	0,97
	coef. Var.	0,4	0,3	-	0,3	0,49
	máximo	79,2	188,6	0,0	1875,4	2,89
	mínimo	16,8	46,0	0,0	545,7	0,16

Tabla IV.7. Estadísticos fundamentales de los pozos de la Cuenca.

No	Estadístico	CO_3^{2-}	HCO_3^-	Cl^-	SO_4^{2-}	NO_3^-	Ca^{2+}
10270	promedio	0,0	370,3	203,3	57,9	21,9	76,9
	desv. Est.	0,0	62,2	38,6	21,4	15,9	13,5
	coef. Var.	-	0,2	0,2	0,4	0,7	0,2
	máximo	0,0	433,1	284,0	91,2	56,4	100,0
	mínimo	0,0	225,7	103,0	24,0	0,0	44,0
B4-SM	promedio	8,4	290,2	89,0	30,8	2,7	54,1
	desv. Est.	13,2	55,4	42,8	14,6	4,8	18,1
	coef. Var.	1,6	0,2	0,5	0,5	1,8	0,3
	máximo	48,0	390,4	248,5	63,4	14,9	96,0
	mínimo	0,0	164,7	24,9	0,0	0,0	24,0
B11-SM	promedio	0,0	581,9	216,4	39,9	26,5	70,0
	desv. Est.	0,0	90,7	57,7	23,2	35,2	25,4
	coef. Var.	-	0,2	0,3	0,6	1,3	0,4
	máximo	0,0	646,6	372,8	71,0	91,8	116,0
	mínimo	0,0	335,5	170,4	2,9	0,0	32,0
B3-SM	promedio	0,0	185,6	152,7	15,4	1,8	57,3
	desv. Est.	6,1	37,3	42,2	11,2	3,6	16,3
	coef. Var.	-	0,2	0,3	0,7	2,0	0,3
	máximo	18,0	244,0	216,6	48,0	9,9	88,0
	mínimo	0,0	128,1	56,8	0,0	0,0	32,0
B1-SM	promedio	0,7	41,6	963,9	13,0	1,4	196,5
	desv. Est.	3,1	50,1	220,2	17,1	3,1	63,1
	coef. Var.	4,8	1,2	0,2	1,3	2,2	0,3
	máximo	15,0	228,8	1420,0	81,1	8,1	376,0
	mínimo	0,0	6,1	631,9	0,0	0,0	96,0
B5-SM	promedio	0,0	215,2	70,0	17,7	3,7	51,4
	desv. Est.	0,0	33,0	25,7	15,8	4,7	16,4
	coef. Var.	-	0,2	0,4	0,9	1,3	0,3
	máximo	0,0	250,1	95,9	47,0	9,9	80,0
	mínimo	0,0	164,7	21,3	3,4	0,0	32,0
B7-SM	promedio	0,0	402,6	65,3	7,6	5,2	64,0
	desv. Est.	0,0	53,4	9,3	3,8	4,8	17,4
	coef. Var.	-	0,1	0,1	0,5	0,9	0,3
	máximo	0,0	457,5	74,6	11,5	9,9	80,0
	mínimo	0,0	323,3	53,3	2,9	0,0	36,0
B2-SM	promedio	0,5	120,6	42,3	8,3	2,6	29,2
	desv. Est.	2,4	38,6	26,2	6,7	4,1	8,7
	coef. Var.	4,9	0,3	0,6	0,8	1,6	0,3
	máximo	12,0	225,7	127,8	28,8	9,9	49,0
	mínimo	0,0	48,8	7,1	0,0	0,0	12,0
B9-SM	promedio	0,0	320,3	630,1	724,4	6,4	69,8
	desv. Est.	0,0	134,1	494,1	851,5	6,0	20,8
	coef. Var.	-	0,4	0,8	1,2	0,9	0,3
	máximo	0,0	536,8	1242,5	2496	14,9	96,0
	mínimo	0,0	24,4	28,4	14,4	0,0	24,0

Tabla IV.7. Estadísticos fundamentales de los pozos de la Cuenca (continuación).

No	Estadístico	Mg^{2+}	Na^{+}	K^{+}	SST	R
10270	promedio	32,7	155,8	0,1	918,9	0,97
	desv. Est.	5,5	25,0	0,6	111,9	0,32
	coef. Var.	0,2	0,2	4,1	0,1	0,33
	máximo	43,2	186,3	2,3	1062,7	2,16
	mínimo	21,6	92,0	0,0	612,0	0,76
B4-SM	promedio	32,3	65,1	1,2	573,9	0,50
	desv. Est.	9,7	27,1	2,5	120,9	0,21
	coef. Var.	0,3	0,4	2,1	0,2	0,43
	máximo	46,8	144,9	7,8	874,5	1,32
	mínimo	9,6	13,8	0,0	281,4	0,16
B11-SM	promedio	81,2	155,4	0,2	1171,6	0,70
	desv. Est.	12,4	31,8	0,5	56,2	0,43
	coef. Var.	0,2	0,2	3,2	0,0	0,62
	máximo	105,6	206,3	1,6	1275,4	1,91
	mínimo	64,8	103,5	0,0	1057,7	0,46
B3-SM	promedio	35,0	45,8	1,3	497,8	1,42
	desv. Est.	8,7	13,4	2,0	80,2	0,49
	coef. Var.	0,2	0,3	1,6	0,2	0,35
	máximo	50,4	64,4	5,1	623,2	2,65
	mínimo	14,4	4,6	0,0	366,7	0,42
B1-SM	promedio	91,9	244,9	0,9	1554,7	113,1
	desv. Est.	23,8	90,5	2,3	324,2	104,9
	coef. Var.	0,3	0,4	2,6	0,2	0,928
	máximo	144,0	459,5	9,8	2262,0	340
	mínimo	21,6	108,1	0,0	1070,3	5,07
B5-SM	promedio	20,4	35,7	2,3	416,5	0,55
	desv. Est.	9,5	12,9	3,4	66,7	0,18
	coef. Var.	0,5	0,4	1,4	0,2	0,33
	máximo	36,0	49,0	8,6	478,7	0,20
	mínimo	4,8	13,8	0,0	290,6	0,20
B7-SM	promedio	40,8	52,0	0,0	637,5	0,28
	desv. Est.	9,1	6,8	0,0	71,1	0,03
	coef. Var.	0,2	0,1	-	0,1	0,11
	máximo	50,4	59,8	0,0	695,1	0,31
	mínimo	28,8	41,4	0,0	527,4	0,23
B2-SM	promedio	12,5	21,2	2,5	239,7	0,65
	desv. Est.	6,7	10,6	4,8	65,4	0,40
	coef. Var.	0,5	0,5	1,9	0,3	0,62
	máximo	24,0	50,6	15,6	380,8	1,64
	mínimo	2,4	6,9	0,0	120,1	0,11
B9-SM	promedio	31,8	769,0	3,4	2555,2	3,76
	desv. Est.	16,2	480,7	5,5	1410,9	2,70
	coef. Var.	0,5	0,6	1,6	0,6	0,72
	máximo	67,2	1502,4	16,8	4715,6	6,59
	mínimo	7,2	71,3	0,0	652,0	0,25

Tabla IV.7. Estadísticos fundamentales de los pozos de la Cuenca.

No	Estadístico	CO_3^{2-}	HCO_3^-	Cl^-	SO_4^{2-}	NO_3^-	Ca^{2+}
9255	promedio	0,0	437,9	99,8	12,2	4,1	96,0
	desv. Est.	0,0	48,4	44,2	8,7	6,7	24,9
	coef. Var.	-	0,1	0,4	0,7	1,6	0,3
	máximo	0,0	497,2	202,4	34,1	24,8	128,0
	mínimo	0,0	335,5	60,4	2,4	0,0	20,0
161	promedio	0,0	318,0	64,1	7,6	2,5	83,8
	desv. Est.	0,0	73,3	16,2	4,6	7,0	32,7
	coef. Var.	-	0,2	0,3	0,6	2,8	0,4
	máximo	0,0	408,7	97,6	14,9	19,8	144,0
	mínimo	0,0	225,7	46,2	2,4	0,0	52,0
L1-SM	promedio	5,5	240,2	133,9	45,2	1,9	58,4
	desv. Est.	8,0	100,7	55,2	33,4	4,2	20,5
	coef. Var.	1,5	0,4	0,4	0,7	2,2	0,4
	máximo	27,0	433,1	225,4	105,6	12,4	100,0
	mínimo	0,0	42,7	60,4	2,9	0,0	20,0
5672	promedio	1,2	377,1	88,6	19,6	2,9	93,7
	desv. Est.	3,9	105,7	34,5	10,2	4,0	30,2
	coef. Var.	3,3	0,3	0,4	0,5	1,4	0,3
	máximo	18,0	475,8	252,1	48,0	9,9	128,0
	mínimo	0,0	103,7	46,2	1,9	0,0	24,0
B13-SM	promedio	1,1	134,8	69,3	13,2	1,3	44,4
	desv. Est.	4,8	55,9	25,9	6,9	3,0	19,9
	coef. Var.	4,4	0,4	0,4	0,5	2,4	0,4
	máximo	21,0	225,7	127,8	34,6	8,1	76,0
	mínimo	0,0	48,8	28,4	5,3	0,0	20,0
B10-N	promedio	9,4	381,1	1571,3	170,1	7,1	155,0
	desv. Est.	19,1	117,5	604,7	116,3	6,6	73,8
	coef. Var.	2,0	0,3	0,4	0,7	0,9	0,5
	máximo	66,0	524,6	3408,0	432,0	21,1	376,0
	mínimo	0,0	115,9	497,0	7,2	0,0	48,0
B8-N	promedio	8,9	306,9	498,2	93,6	5,0	99,0
	desv. Est.	13,0	112,7	130,2	46,2	6,4	24,7
	coef. Var.	1,5	0,4	0,3	0,5	1,3	0,2
	máximo	36,0	451,4	781,0	204,0	21,1	146,0
	mínimo	0,0	67,1	213,0	29,8	0,0	48,0
L3-N	promedio	0,0	276,3	29,9	4,6	7,4	66,3
	desv. Est.	0,0	100,1	12,3	4,1	6,9	25,6
	coef. Var.	-	0,4	0,4	0,9	0,9	0,4
	máximo	0,0	396,5	49,7	15,8	24,8	100,0
	mínimo	0,0	103,7	10,7	0,0	0,0	20,0
6734	promedio	1,1	289,2	69,7	11,1	13,2	57,8
	desv. Est.	3,0	94,1	37,8	10,2	21,4	19,8
	coef. Var.	2,7	0,3	0,5	0,9	1,6	0,3
	máximo	12,0	549,0	211,2	36,0	96,7	112,0
	mínimo	0,0	131,2	35,5	0,0	0,0	20,0

Tabla IV.7. Estadísticos fundamentales de los pozos de la Cuenca (continuación).

No	Estadístico	Mg^{2+}	Na^{+}	K^{+}	SST	R
9255	promedio	47,9	34,2	0,0	732,1	0,41
	desv. Est.	14,5	14,6	0,0	69,4	0,20
	coef. Var.	0,3	0,4	-	0,1	0,50
	máximo	88,8	69,0	0,0	919,1	0,89
	mínimo	34,8	18,9	0,0	663,4	0,21
161	promedio	17,1	32,3	0,0	525,4	0,35
	desv. Est.	12,3	23,7	0,0	108,5	0,08
	coef. Var.	0,7	0,7	-	0,2	0,22
	máximo	36,0	82,8	0,0	675,4	0,43
	mínimo	4,8	13,8	0,0	391,7	0,25
L1-SM	promedio	36,5	51,9	24,6	648,7	1,29
	desv. Est.	11,7	21,3	30,9	101,7	1,34
	coef. Var.	0,3	0,4	1,3	0,2	1,04
	máximo	51,2	103,5	85,8	798,6	5,90
	mínimo	16,8	16,1	0,0	212,3	0,38
5672	promedio	33,1	38,7	0,5	655,4	0,46
	desv. Est.	10,9	15,9	1,3	137,9	0,34
	coef. Var.	0,3	0,4	2,3	0,2	0,73
	máximo	62,4	75,9	3,9	780,5	1,69
	mínimo	12,0	4,6	0,0	324,5	0,24
B13-SM	promedio	12,6	27,5	0,1	304,3	1,06
	desv. Est.	7,5	8,8	0,4	96,5	0,72
	coef. Var.	0,6	0,3	4,4	0,3	0,68
	máximo	33,6	43,7	2,0	482,1	2,56
	mínimo	2,4	0,9	0,0	191,0	0,40
B10-N	promedio	101,9	871,8	12,6	3280,2	7,85
	desv. Est.	55,6	254,1	15,2	1010,5	5,00
	coef. Var.	0,5	0,3	1,2	0,3	0,64
	máximo	254,4	1577,6	35,9	6352,3	18,4
	mínimo	38,4	402,5	0,0	1543,7	1,72
B8-N	promedio	59,2	253,8	15,9	1340,5	3,09
	desv. Est.	25,2	69,1	22,9	309,6	1,87
	coef. Var.	0,4	0,3	1,4	0,2	0,61
	máximo	120,0	404,8	76,1	1878,6	10,5
	mínimo	6,6	113,9	0,0	592,8	1,45
L3-N	promedio	20,6	11,8	0,0	417,0	0,2
	desv. Est.	8,6	5,8	0,0	137,0	0,09
	coef. Var.	0,4	0,5	-	0,3	0,42
	máximo	33,6	23,0	0,0	577,5	0,41
	mínimo	4,8	2,8	0,0	185,5	0,07
6734	promedio	30,9	38,1	1,4	512,5	0,47
	desv. Est.	10,9	15,6	4,6	134,1	0,44
	coef. Var.	0,4	0,4	3,3	0,3	0,93
	máximo	57,6	80,5	23,4	949,6	2,53
	mínimo	8,4	11,0	0,0	321,6	0,19

Tabla IV.7. Estadísticos fundamentales de los pozos de la Cuenca.

No	Estadístico	CO_3^{2-}	HCO_3^-	Cl^-	SO_4^{2-}	NO_3^-	Ca^{2+}
8595	promedio	2,5	244,1	50,8	11,6	6,6	53,7
	desv. Est.	6,9	63,7	29,2	10,5	11,6	19,4
	coef. Var.	2,7	0,3	0,6	0,9	1,8	0,4
	máximo	30,0	353,8	156,2	44,2	45,3	96,0
	mínimo	0,0	103,7	21,3	0,0	0,0	8,0
B5-N	promedio	4,3	214,0	32,1	15,1	4,2	43,1
	desv. Est.	9,5	70,0	15,3	13,1	6,9	14,1
	coef. Var.	2,2	0,3	0,5	0,9	1,7	0,3
	máximo	36,0	335,5	74,6	62,4	29,8	72,0
	mínimo	0,0	67,1	7,1	0,0	0,0	12,0
B3-N	promedio	5,3	288,2	187,7	43,9	6,0	92,8
	desv. Est.	10,1	74,8	117,2	36,1	8,4	40,0
	coef. Var.	1,9	0,3	0,6	0,8	1,4	0,4
	máximo	39,0	481,9	411,8	172,8	39,1	216,0
	mínimo	0,0	152,5	28,4	0,0	0,0	20,0
B4-N	promedio	4,6	233,4	58,7	17,4	18,7	60,8
	desv. Est.	8,9	68,8	23,5	14,8	28,5	20,6
	coef. Var.	2,0	0,3	0,4	0,9	1,5	0,3
	máximo	30,0	414,8	103,0	67,2	124,0	112,0
	mínimo	0,0	100,7	21,3	0,0	0,0	24,0
L2-N	promedio	3,0	204,2	59,4	11,6	3,0	51,3
	desv. Est.	6,2	99,5	24,9	9,9	4,5	24,5
	coef. Var.	2,0	0,5	0,4	0,9	1,5	0,5
	máximo	24,0	414,8	120,7	38,9	14,9	112,0
	mínimo	0,0	85,4	14,2	0,0	0,0	12,0
B6-N	promedio	5,3	322,3	375,0	64,9	3,8	84,8
	desv. Est.	10,9	61,1	73,2	25,3	11,0	17,8
	coef. Var.	2,1	0,2	0,2	0,4	2,9	0,2
	máximo	42,0	420,9	572,6	115,2	63,9	116,0
	mínimo	0,0	183,0	67,5	10,6	0,0	32,0
613	promedio	6,7	326,9	351,3	54,0	6,7	104,9
	desv. Est.	6,4	127,2	128,9	33,7	8,9	54,1
	coef. Var.	0,9	0,4	0,4	0,6	1,3	0,5
	máximo	24,0	518,5	639,0	122,4	44,0	296,0
	mínimo	0,0	94,6	121,1	0,0	0,0	15,0
761	promedio	2,3	369,8	66,7	21,7	5,3	67,2
	desv. Est.	5,9	89,8	16,2	14,0	8,5	21,7
	coef. Var.	2,6	0,2	0,2	0,6	1,6	0,3
	máximo	24,0	518,5	110,1	48,5	40,9	96,0
	mínimo	0,0	146,4	21,3	0,0	0,0	24,0
611	promedio	0,5	312,7	162,0	37,9	5,3	105,7
	desv. Est.	2,8	83,7	147,7	27,6	8,4	45,2
	coef. Var.	5,4	0,3	0,9	0,7	1,6	0,4
	máximo	15,0	481,9	514,8	153,6	40,3	198,0
	mínimo	0,0	134,2	21,3	9,6	0,0	44,0

Tabla IV.7. Estadísticos fundamentales de los pozos de la Cuenca (continuación).

No	Estadístico	Mg^{2+}	Na^{+}	K^{+}	SST	R
8595	promedio	20,5	22,6	19,2	431,7	0,35
	desv. Est.	8,5	16,0	18,3	114,9	0,16
	coef. Var.	0,4	0,7	1,0	0,3	0,46
	máximo	38,4	66,7	66,3	722,5	0,83
	mínimo	4,8	5,8	0,0	249,9	0,17
B5-N	promedio	17,9	27,7	3,3	361,7	0,25
	desv. Est.	9,7	16,6	6,2	109,7	0,1
	coef. Var.	0,5	0,6	1,8	0,3	0,38
	máximo	41,0	59,8	23,8	543,5	0,57
	mínimo	2,4	6,9	0,0	131,6	0,1
B3-N	promedio	34,4	81,6	5,7	745,7	1,01
	desv. Est.	20,0	45,2	7,5	296,5	0,51
	coef. Var.	0,6	0,6	1,3	0,4	0,51
	máximo	84,0	179,4	25,0	1332,9	2,04
	mínimo	4,8	16,1	0,0	385,4	0,2
B4-N	promedio	19,8	36,2	2,0	451,5	0,43
	desv. Est.	12,1	15,3	5,4	135,7	0,17
	coef. Var.	0,6	0,4	2,7	0,3	0,39
	máximo	55,2	73,6	27,3	762,5	0,95
	mínimo	3,8	6,9	0,0	180,6	0,17
L2-N	promedio	17,0	33,3	1,4	384,2	0,58
	desv. Est.	9,4	14,4	2,9	148,7	0,36
	coef. Var.	0,6	0,4	2,1	0,4	0,63
	máximo	39,6	57,5	9,8	679,2	1,53
	mínimo	4,8	3,5	0,0	202,8	0,13
B6-N	promedio	54,3	199,0	1,8	1111,0	1,97
	desv. Est.	13,0	42,3	3,3	161,7	0,48
	coef. Var.	0,2	0,2	1,8	0,1	0,24
	máximo	98,0	319,7	11,7	1383,1	3,13
	mínimo	19,2	33,6	0,0	394,3	0,59
613	promedio	49,2	165,6	2,4	1064,0	1,95
	desv. Est.	18,4	60,5	4,4	360,1	0,75
	coef. Var.	0,4	0,4	1,8	0,3	0,38
	máximo	93,6	289,8	17,9	1680,3	4,29
	mínimo	2,4	32,7	0,0	355,1	0,83
761	promedio	38,0	45,9	1,5	618,4	0,31
	desv. Est.	12,7	15,0	3,2	140,3	0,07
	coef. Var.	0,3	0,3	2,1	0,2	0,22
	máximo	64,8	72,2	11,7	862,8	0,52
	mínimo	9,6	6,9	0,0	233,0	0,19
611	promedio	27,6	67,1	2,1	720,8	0,85
	desv. Est.	18,2	49,8	3,9	325,7	0,72
	coef. Var.	0,7	0,7	1,9	0,5	0,86
	máximo	78,0	198,5	11,7	1557,3	2,64
	mínimo	3,6	11,5	0,0	224,2	0,17

Tabla IV.7. Estadísticos fundamentales de los pozos de la Cuenca.

No	Estadístico	CO_3^{2-}	HCO_3^-	Cl^-	SO_4^{2-}	NO_3^-	Ca^{2+}
C2-N	promedio	0,3	285,4	47,8	36,9	11,9	71,4
	desv. Est.	1,3	88,5	17,0	32,6	7,3	22,7
	coef. Var.	4,6	0,3	0,4	0,9	0,6	0,3
	máximo	6,0	408,7	92,3	144,0	24,8	104,0
	mínimo	0,0	61,0	24,9	3,8	0,0	24,0
220	promedio	4,0	383,9	122,3	43,5	10,8	82,7
	desv. Est.	12,7	77,3	17,3	24,5	10,1	19,6
	coef. Var.	3,2	0,2	0,1	0,6	0,9	0,2
	máximo	48,0	475,8	168,6	100,8	44,6	108,0
	mínimo	0,0	219,6	78,1	0,0	0,0	32,0
L1-N	promedio	3,7	332,3	37,4	4,3	4,6	70,7
	desv. Est.	6,5	52,8	45,4	3,6	6,3	23,3
	coef. Var.	1,8	0,2	1,2	0,8	1,4	0,3
	máximo	18,0	390,4	241,4	12,0	24,8	100,0
	mínimo	0,0	183,0	10,7	0,0	0,0	24,0
B7-N	promedio	5,0	302,9	211,3	55,4	4,5	94,5
	desv. Est.	10,9	87,5	83,4	21,2	9,0	29,4
	coef. Var.	2,2	0,3	0,4	0,4	2,0	0,3
	máximo	36,0	402,6	399,7	113,3	40,3	160,0
	mínimo	0,0	134,2	67,5	0,0	0,0	40,0
B1-N	promedio	1,5	232,2	43,6	8,2	165,8	100,2
	desv. Est.	4,0	81,4	12,2	6,2	350,2	74,0
	coef. Var.	2,7	0,4	0,3	0,8	2,1	0,7
	máximo	15,0	347,7	67,5	19,2	1341,7	336,0
	mínimo	0,0	79,3	24,9	0,0	0,0	24,0

Tabla IV.7. Estadísticos fundamentales de los pozos de la Cuenca (continuación).

No	Estadístico	Mg^{2+}	Na^{+}	K^{+}	SST	R
C2-N	promedio	15,7	48,2	1,3	519,0	0,33
	desv. Est.	7,7	18,8	5,9	133,0	0,2
	coef. Var.	0,5	0,4	4,4	0,3	0,61
	máximo	31,2	82,8	26,9	769,1	0,9
	mínimo	2,4	13,8	0,0	166,5	0,16
220	promedio	44,4	71,5	0,5	763,5	0,56
	desv. Est.	9,9	13,4	1,9	108,0	0,14
	coef. Var.	0,2	0,2	4,0	0,1	0,25
	máximo	67,2	98,7	9,8	924,6	0,97
	mínimo	16,8	42,6	0,0	506,6	0,37
L1-N	promedio	28,3	14,6	0,2	496,0	0,19
	desv. Est.	8,5	9,9	0,8	79,8	0,23
	coef. Var.	0,3	0,7	4,8	0,2	1,19
	máximo	57,6	39,1	3,9	694,4	1,21
	mínimo	14,4	2,1	0,0	300,8	0,06
B7-N	promedio	22,0	131,8	2,3	829,7	1,35
	desv. Est.	13,9	36,1	4,6	158,0	0,95
	coef. Var.	0,6	0,3	2,0	0,2	0,7
	máximo	55,2	211,6	17,6	1122,6	5,12
	mínimo	3,8	80,5	0,0	491,0	0,31
B1-N	promedio	19,3	29,0	0,4	600,4	0,38
	desv. Est.	13,7	34,3	1,2	412,1	0,24
	coef. Var.	0,7	1,2	2,9	0,7	0,62
	máximo	52,8	161,0	3,9	1922,7	1.00
	mínimo	2,4	4,6	0,0	237,7	0,13

Tabla IV.8. Tipo de agua más frecuente en los pozos de la Cuenca.

Pozo	Tipos fundamentales de agua
399	$HCO_3^- > Cl^- - Ca^{2+} > Mg^{2+}$
710	$HCO_3^- > Cl^- - Ca^{2+} > Mg^{2+}$; $Cl^- > HCO_3^- - Ca^{2+} > Mg^{2+}$
674	$HCO_3^- > Cl^- - Ca^{2+} > Mg^{2+}$
7915	$HCO_3^- - Ca^{2+} > Mg^{2+}$; $HCO_3^- - Mg^{2+} > Ca^{2+}$
10844	$HCO_3^- - Ca^{2+} > Mg^{2+}$; $HCO_3^- - Mg^{2+} > Ca^{2+}$
11606	$HCO_3^- - Ca^{2+} > Mg^{2+}$
11663	$HCO_3^- > Cl^- - Ca^{2+}$ y contenidos muy variables de Mg^{2+} y Na^+
11674	$HCO_3^- > Cl^- - Ca^{2+} > Mg^{2+}$
B1-F	$HCO_3^- > C^-l - Ca^{2+}$
B4-F	$HCO_3^- > Cl^- - Ca^{2+} > Mg^{2+}$; $HCO_3^- > Cl^- - Ca^{2+} > Mg^{2+} > Na^+$
B10-F	Contenidos muy variables de todos los elementos
L1-F	Contenidos muy variables de todos los elementos en el período 1986-1994
680	$Cl^- > HCO_3^- - Ca^{2+} > Mg^{2+} > Na^+$
11706	$HCO_3^- > Cl^- - Ca^{2+} > Mg^{2+}$
374	$HCO_3^- - Ca^{2+} > Mg^{2+}$
7910	$HCO_3^- - Ca^{2+} > Mg^{2+}$; $HCO_3^- > Cl^- - Ca^{2+} > Mg^{2+}$
357	$HCO_3^- > Cl^- - Ca^{2+} > Mg^{2+}$
11659	$HCO_3^- > Cl^- - Ca^{2+} > Mg^{2+}$
B11-V	$HCO_3^- > Cl^- - Ca^{2+} > Mg^{2+}$
102	$HCO_3^- > Cl^- - Ca^{2+} > Mg^{2+}$; $HCO_3^- - Ca^{2+} > Mg^{2+}$
132	$HCO_3^- > Cl^- - Ca^{2+}$ y contenidos muy variables de Mg^{2+} y Na^+
359	$HCO_3^- > Cl^- - Ca^{2+} > Mg^{2+}$

Tabla IV.8. Tipo de agua más frecuente en los pozos de la Cuenca.

Pozo	Tipos fundamentales de agua
5765	$HCO_3^- > Cl^- - Ca^{2+}$ y contenidos muy variables de Mg^{2+}y Na^+
11704	$Cl^- > HCO_3^- - Na^+ > Mg^{2+} > Ca^{2+}$
742	$HCO_3^- > Cl^- - Ca^{2+} > Mg^{2+}$
11605	$HCO_3^- > Cl^- - Ca^{2+}$ y contenidos muy variables de Na^+ y Mg^{2+}
B6-V	$HCO_3 - Ca > Mg$, $HCO_3^- > Cl^- - Ca^{2+} > Mg^{2+}$
7673	$HCO_3^- > Cl^- - Ca^{2+} > Mg^{2+}$
11683	$HCO_3^- > Cl^- - Ca^{2+} > Na^+$; $HCO_3^- > Cl^- - Ca^{2+} > Mg^{2+}$
11662	$HCO_3^- > Cl^- - Ca^{2+}$; $HCO_3^- > Cl^- - Ca^{2+} > Mg^{2+}$
124	$HCO_3^- > Cl^- - Ca^{2+} > Mg^{2+}$; $HCO_3^- > Cl^- - Ca^{2+} > Na^+$ muy variable
506	$HCO_3^- > Cl^- - Ca^{2+} > Mg^{2+}$, $HCO_3^- > Cl^- - Ca^{2+} > Na^+$
5758	$HCO_3^- > Cl^- -$ y contenidos muy variables de los elementos Ca^{2+}, Mg^{2+} y Na^+
10430	$HCO_3^- > Cl^- - Ca^{2+}$ y contenidos muy variables de los elementos Mg^{2+} y Na^+
L1-V	$HCO_3^- > Cl^- - Ca^{2+}$
10499	$HCO_3^- - Ca^{2+} > Mg^{2+}$; $HCO_3^- - Mg^{2+} > Ca^{2+}$
9033	$HCO_3^- - Ca^{2+} > Mg^{2+}$; $HCO_3^- > Cl^- - Ca^{2+} > Mg^{2+}$
11104	$HCO_3^- - Ca^{2+} > Mg^{2+}$; $HCO_3^- > Cl^- - Ca^{2+} > Mg^{2+}$
B3-V	$HCO_3^- > Cl^- -$ y contenidos muy variables de los elementos Ca^{2+}, Na^+ y Mg^{2+}
B5-V	$HCO_3^- - Ca^{2+} > Mg^{2+}$; $HCO_3^- - Mg^{2+} > Ca^{2+}$
B8-V	$HCO_3^- > Cl^- - Ca^{2+}$ y contenidos muy variables de los elementos Mg^{2+}y Na^+
B9-V	$HCO_3^- - Ca^{2+} > Mg^{2+}$; $HCO_3^- > Cl^- - Ca^{2+} > Mg^{2+}$
B10-V	$HCO_3^- > Cl^- - Ca^{2+}$ y contenidos muy variables de los elementos Mg^{2+}y Na^+

Tabla IV.8. Tipo de agua más frecuente en los pozos de la Cuenca (continuación).

Pozo	Tipos fundamentales de agua
3999	$HCO_3^- > Cl^- - Ca^{2+}$ y contenidos muy variables de los elementos Mg^{2+}y Na^+
9270	$Cl^- > HCO^-_3 - Ca^{2+} > Na^+ > Mg^{2+}$
10270	$HCO_3^- > Cl^- - Ca^{2+} > Mg^{2+}$
B4-SM	$HCO_3^- > Cl^- -$ y contenidos muy variables de los elementos Ca^{2+}, Na^+ y Mg^{2+}
B11-SM	$HCO_3^- > Cl^- -$ y contenidos muy variables de los elementos Ca^{2+}, Na^+ y Mg^{2+}
B3-SM	$HCO_3^- > Cl^- -$ y contenidos muy variables de los elementos Ca^{2+}, Na^+ y Mg^{2+}
B1-SM	$Cl^- -$ y contenidos muy variables de los elementos Ca^{2+}, Na^+ y Mg^{2+}
B5-SM	$HCO_3^- > Cl^- - Ca^{2+}$ y contenidos muy variables de los elementos, Mg^{2+}y Na^+
B7-SM	$HCO_3^- > Cl^- -$ y contenidos muy variables de los elementos Ca^{2+}, Mg^{2+}y Na^+
B2-SM	$HCO_3^- > Cl^- - Ca^{2+}$ y contenidos muy variables de los elementos Mg^{2+}y Na^+
B9-SM	Contenidos muy variables de todos los elementos
9255	Contenidos muy variables de todos los elementos
161	Contenidos muy variables de todos los elementos
L1-SM	Contenidos muy variables de todos los elementos
5672	$HCO_3^- > Cl^- - Ca^{2+} > Mg^{2+}$
B13-SM	$HCO_3^- > Cl^- - Ca^{2+}$ y contenidos muy variables de Na^+yMg^{2+}
B10-N	$Cl^- - Na^+$
B8-N	$Cl^- > HCO_3^- - Na^+ > Mg^{2+} > Ca^{2+}$
L3-N	$HCO_3^- - Ca^{2+} > Mg^{2+}$
6734	$HCO_3^- > Cl^- - Ca^{2+} > Mg^{2+} > Na^+$; $HCO_3^- > Cl^- - Ca^{2+} > Mg^{2+}$
8595	$HCO_3^- > Cl^- - Ca^{2+}$ y contenidos muy variables de Mg^{2+}y Na^+
B5-N	$HCO_3^- - Ca^{2+}$ y contenidos muy variables de Mg^{2+}y Na^+

Tabla IV.8. Tipo de agua más frecuente en los pozos de la Cuenca (continuación).

Pozo	Tipos fundamentales de agua
B3-N	$Cl^- > HCO_3^- - Ca^{2+} > Na^+ > Mg^{2+}$; $HCO_3^- > Cl^- - Ca^{2+} > Na^+ > Mg^{2+}$
B4-N	$HCO_3^- > Cl^- - Ca^{2+}$ y contenidos muy variables de los elementos Mg^{2+} y Na^+
L2-N	$HCO_3^- > Cl^- - Ca^{2+}$ y contenidos muy variables de los elementos Mg^{2+} y Na^+
B6-N	$Cl^- > HCO_3^- - Na^+ > Ca^{2+} > Mg^{2+}$; $Cl^- > HCO_3^- - Na^+ > Mg^{2+} > Ca^{2+}$
613	$Cl^- > HCO_3^- - Na^+ > Ca^{2+} > Mg^{2+}$
761	$HCO_3^- > Cl^- -$ y contenidos muy variables de los elementos Ca^{2+}, Mg^{2+} y Na^+
611	Muy variable la composición química en el tiempo
C2-N	$HCO_3^- - Ca^{2+} > Na^+$
220	$HCO_3^- > Cl^- - Ca^{2+} > Mg^{2+} > Na^+$
L1-N	$HCO_3^- - Ca^{2+} > Mg^{2+}$
B7-N	$Cl^- > HCO_3^- - Na^- > Ca^{2+}$
B1-N	Altos contenidos de NO_3^- en el período 1984-1998

Tabla IV.9. Estadísticos fundamentales del cluster 3.

Cluster 3	CO_3^{2-}	HCO_3^-	Cl^-	SO_4^{2-}	NO_3^-	Ca^{2+}	Mg^{2+}	Na^+	K^+	SST
Promedio	2,1	294,3	81,5	18,5	7,6	71,6	27,8	39,9	2,1	545,5
Desv.Est	1,9	73,5	43,6	13,2	20,3	18,3	10,2	29,1	4,0	147,0
Cv	0,9	0,2	0,5	0,7	2,6	0,3	0,4	0,7	1,9	0,3
Mínimo	0,0	120,6	29,9	3,9	0,5	29,2	12,5	11,1	0,0	239,7
Máximo	8,1	581,9	216,4	57,9	165,8	111,6	81,2	155,8	25,0	1171,6

Tabla IV.10. Estadísticos fundamentales del cluster 2.

Cluster 2	CO_3^{2-}	HCO_3^-	Cl^-	SO_4^{2-}	NO_3^-	Ca^{2+}	Mg^{2+}	Na^+	K^+	SST
Promedio	5,5	341,6	503,0	77,1	4,5	141,9	64,4	211,3	0,9	1350,1
Desv.Est	9,3	166,9	231,2	48,4	4,2	60,9	15,5	45,8	1,0	209,3
Cv	1,7	0,5	0,46	0,6	0,9	0,4	0,2	0,2	1,2	0,2
Mínimo	0,0	40,1	351,3	13,0	0,0	84,8	49,2	152,6	0,0	1064,0
Máximo	24,0	535,1	963,9	146,4	11,8	234,7	91,9	262,4	2,4	1553,1

Tabla IV.11. Estadísticos fundamentales del cluster 1.

Cluster 1	CO_3^{2-}	HCO_3^-	Cl^-	SO_4^{2-}	NO_3^-	Ca^{2+}	Mg^{2+}	Na^+	K^+	SST
Promedio	4,7	350,7	1100,7	447,2	6,7	112,4	66,8	820,4	8,0	2917,7
Desv.Est	6,6	43,0	665,5	391,9	0,5	60,2	49,6	72,7	6,5	512,7
Cv	1,4	0,1	0,6	0,9	0,1	0,5	0,7	0,1	0,8	0,2
Mínimo	0,0	320,3	630,1	170,1	6,4	69,8	31,8	769,0	3,4	2555,2
Máximo	9,4	381,1	1571,3	724,4	7,1	155,0	101,9	871,8	12,6	3280,2

Tabla IV.12. Matriz de correlación de las variables hidrogeoquímicas.

	CO_3^{2-}	HCO_3^-	Cl^-	SO_4^{2-}	NO_3^-	Ca^{2+}	Mg^{2+}	Na^+	K^+	SST
CO_3^{2-}	1,00	0,05	0,29	0,08	-0,02	0,13	0,34	0,23	0,23	0,26
HCO_3^-		1,00	0,11	0,16	-0,05	0,36	0,41	0,21	-0,12	0,37
Cl^-			1,00	0,49	-0,04	0,61	0,79	0,89	0,22	0,93
SO_4^{2-}				1,00	-0,02	0,18	0,22	0,78	0,11	0,70
NO_3^-					1,00	0,04	-0,05	0,00	-0,05	0,01
Ca^{2+}						1,00	0,60	0,38	-0,06	0,60
Mg^{2+}							1,00	0,60	0,11	0,75
Na^+								1,00	0,22	0,96
K^+									1,00	0,18
SST										1,00

Tabla IV.13. Matriz de valores propios.

Factores	Valores propios	% Varianza total	%Acumulado
1	3,544	39,376	39,376
2	1,358	15,085	54,461
3	1,109	12,327	66,788
4	1,013	11,253	78,040

Tabla IV.14. Matriz de vectores propios.

	Factor 1	Factor 2	Factor 3	Factor 4
CO_3^{2-}	-0,03900	0,23897	0,76625	0,02530
HCO_3^-	0,02281	0,70072	-0,24600	-0,17834
Cl^-	0,68775	0,51490	0,37692	0,04808
SO_4^{2-}	0,91439	0,02014	-0,08331	-0,03624
NO_3^-	-0,00600	-0,02544	-0,05005	0,97674
Ca^{2+}	0,20243	0,79703	0,05930	0,13599
Mg^{2+}	0,31891	0,77723	0,35406	-0,01803
Na^+	0,90073	0,31747	0,20876	0,01704
K^+	0,22537	-0,26135	0,70306	-0,09899

Tabla IV.15. Composición química de las muestras referencias (en meq/L).

Referencias	CO_3^{2-}	HCO_3^-	Cl^-	SO_4^{2-}	Ca^{2+}	Mg^{2+}	$Na^+ + K^+$
Agua de mar	0,00	2,40	550,00	45,00	22,00	104,00	471,40
11663-3	1,14	4,28	1,13	0,07	2,46	1,86	1,21

Tabla IV.16. Composición química de los patrones, pozo 710 (meq/L y $\% meq/L$).

Pozo 710		CE	CO_2	HCO_3^-	Cl^-	SO_4^{2-}	Ca^{2+}	Mg^{2+}	$Na^+ + K^+$
Patrón # 3		770	2,80	6,03	1,63	0,32	4,27	2,53	1,19
	%			75,49	20,36	4,16	54,04	31,72	14,27
Patrón # 4		830	8,60	5,93	2,72	0,24	5,13	2,70	1,20
	%			66,72	30,56	2,72	58,16	29,39	14,69
Patrón # 5		998	13,23	6,30	4,05	0,21	5,85	3,00	1,71
	%			59,57	38,52	1,91	55,65	28,10	16,25
Patrón # 6		1078	1,70	4,97	5,10	0,43	5,75	2,95	1,91
	%			47,64	48,77	3,59	55,28	27,85	18,27
Patrón # 7		1366	1,55	5,19	7,10	0,69	6,40	4,10	2,48
	%			39,95	54,52	5,54	49,20	31,97	18,83

Tabla IV.17a. Proporción de mezcla y reacciones químicas del patrón 7, pozo 710 ($mmol/L$).

Mezcla	R_1	0,7%	R_2	99,3%				
Reacciones químicas	CO_2	Cl^-	HCO_3^-	SO_4^{2-}	$Na^+ + K^+$	Ca^{2+}	Mg^{2+}	Consumo
Delta iónico	-0,356	1,900	0,924	0,109	-2,214	0,677	-0,182	
Halita (disolución)	0,000	1,900	0,000	0,000	1,900	0,000	0,000	1,900
Dolomita (disolución)	0,364	0,000	-0,727	0,000	0,000	-0,182	-0,182	-0,182
Calcita (disolución)	4,142	0,000	-8,283	0,000	0,000	-4,142	0,000	-4,142
Albita-caolinita	-5,884	0,000	5,884	0,000	5,884	0,000	0,000	2,942
Sulfato (reducción)	0,000	0,000	-0,217	0,109	0,000	0,000	0,000	-0,109
CO_2 (biogénico)	5,290	0,000	0,000	0,000	0,000	0,000	0,000	5,290
Na - Ca (intercambio)	0,000	0,000	0,000	0,000	-10,000	5,000	0,000	-10,000
CO_2 - HCO_3	-4,268	0,000	4,268	0,000	0,000	0,000	0,000	4,268

Tabla IV.17b. Proporción de mezcla y reacciones químicas del patrón 3, pozo 710 ($mmol/L$).

Mezcla	R_1	0,1%	R_2	99,9%				
Reacciones químicas	CO_2	Cl	HCO_3	SO_4	$Na+K$	Ca	Mg	Consumo
Delta iónico	0,831	-0,047	1,752	0,103	-0,488	0,895	0,284	
Halita (disolución)	0,000	-0,047	0,000	0,000	-0,047	0,000	0,000	-0,047
Dolomita (disolución)	-0,568	0,000	1,137	0,000	0,000	0,284	0,284	0,284
Calcita (disolución)	0,389	0,000	-0,778	0,000	0,000	-0,389	0,000	-0,389
Albita-caolinita	-1,558	0,000	1,558	0,000	1,558	0,000	0,000	0,779
Sulfato (reducción)	0,000	0,000	-0,205	0,103	0,000	0,000	0,000	-0,103
CO_2 (biogénico)	2,608	0,000	0,000	0,000	0,000	0,000	0,000	2,608
Na-Ca (intercambio)	0,000	0,000	0,000	0,000	-2,000	1,000	0,000	-2,000
CO_2-HCO_3	-0,040	0,000	0,040	0,000	0,000	0,000	0,000	0,040

Tabla IV.18. Composición química de los patrones del pozo 11674 (meq/L y %meq/L).

Pozo 11674		CE	CO_2	HCO_3^-	Cl^-	SO_4^{2-}	Ca^{2+}	Mg^{2+}	$Na^+ + K^+$
Patrón # 3		738	1,44	5,64	1,59	0,22	4,92	1,50	1,03
	%			75,60	21,40	3,00	66,39	20,27	13,34
Patrón # 4		782	1,75	5,46	2,22	0,26	4,60	2,36	1,05
	%			69,07	27,81	3,12	58,71	28,91	12,99
Patrón # 5		908	1,56	5,03	3,30	0,30	4,90	2,27	1,48
	%			58,18	38,26	3,56	55,27	28,16	16,90
Patrón # 6		914	0,86	4,12	4,24	0,41	4,74	3,01	1,14
	%			46,94	48,36	4,70	52,21	35,54	13,29

Tabla IV.19a. Proporción de mezcla y reacciones químicas del patrón 3, pozo 11674 ($mmol/L$).

Mezcla	R_1	0,1%	R_2	99,9%				
Reacciones químicas	CO_2	Cl^-	HCO_3^-	SO_4^{2-}	$Na^+ + K^+$	Ca^{2+}	Mg^{2+}	Consumo
Delta iónico	0,150	-0,024	1,362	0,055	-0,595	1,221	-0,225	
Halita (disolución)	0,000	-0,024	0,000	0,000	-0,024	0,000	0,000	-0,024
Dolomita (disolución)	0,450	0,000	-0,900	0,000	0,000	-0,225	0,225	-0,225
Calcita (disolución)	-0,196	0,000	0,393	0,000	0,000	0,196	0,000	0,196
Albita-caolinita	-1,929	0,000	1,929	0,000	1,929	0,000	0,000	0,965
Sulfato (reducción)	0,000	0,000	-0,110	0,055	0,000	0,000	0,000	-0,055
CO_2 (biogénico)	1,876	0,000	0,000	0,000	0,000	0,000	0,000	1,876
Na-Ca (intercambio)	0,000	0,000	0,000	0,000	-2,500	1,250	0,000	-2,500
CO_2-HCO_3	0,050	0,000	-0,050	0,000	0,000	0,000	0,000	0,050

Tabla IV.19b. Proporción de mezcla y reacciones químicas del patrón 6, pozo 11674 ($mmol/L$).

Mezcla	R_1	0,6%	R_2	99,4%				
Reacciones químicas	CO_2	Cl^-	HCO_3^-	SO_4^{2-}	$Na^+ + K^+$	Ca^{2+}	Mg^{2+}	Consumo
Delta iónico	-0,137	-0,048	-0,149	0,041	-2,775	1,084	0,281	
Halita (disolución)	0,000	-0,048	0,000	0,000	-0,048	0,000	0,000	-0,048
Dolomita (disolución)	-0,562	0,000	1,125	0,000	0,000	0,281	0,281	0,281
Calcita (disolución)	2,197	0,000	-4,395	0,000	0,000	-2,197	0,000	-2,197
Albita-caolinita	-3,273	0,000	3,273	0,000	3,273	0,000	0,000	1,636
Sulfato (reducción)	0,000	0,000	-0,082	0,041	0,000	0,000	0,000	-0,041
CO_2 (biogénico)	1,431	0,000	0,000	0,000	0,000	0,000	0,000	1,431
Na-Ca (intercambio)	0,000	0,000	0,000	0,000	-6,000	3,000	0,000	-6,000
CO_2-HCO_3	0,070	0,000	-0,070	0,000	0,000	0,000	0,000	-0,070

Tabla IV.20. Composición química de los patrones del pozo 11704 (meq/L y %meq/L).

Pozo 11704		CE	CO_2	HCO_3^-	Cl^-	SO_4^{2-}	Ca^{2+}	Mg^{2+}	$Na^+ + K^+$
Patrón # 6		1997	4,10	8,98	10,02	1,06	5,28	4,32	10,46
	%			44,76	50,08	5,15	26,08	21,95	51,97
Patrón # 7		2170	1,73	8,68	11,72	1,38	4,71	4,96	12,12
	%			39,83	53,83	6,35	21,56	22,86	55,58

Tabla IV.21a. Proporción de mezcla y reacciones químicas del patrón 6, pozo 11704 ($mmol/L$).

Mezcla	R_1	1,8%	R_2	98,2%				
Reacciones químicas	CO_2	Cl^-	HCO_3^-	SO_4^{2-}	$Na^+ + K^+$	Ca^{2+}	Mg^{2+}	Consumo
Delta iónico	1,490	-0,840	4,733	0,097	0,915	1,237	0,325	
Halita (disolución)	0,000	-0,840	0,000	0,000	-0,840	0,000	0,000	-0,840
Dolomita (disolución)	-0,644	0,000	1,299	0,000	0,000	0,325	0,325	0,325
Calcita (disolución)	-0,912	0,000	1,824	0,000	0,000	0,912	0,000	0,912
Albita-caolinita	-1,755	0,000	1,755	0,000	1,755	0,000	0,000	0,877
Sulfato (reducción)	0,000	0,000	-0,194	0,097	0,000	0,000	0,000	-0,097
CO_2 (biogénico)	4,856	0,000	0,000	0,000	0,000	0,000	0,000	4.856
Na - Ca (intercambio)	0,000	0,000	0,000	0,000	0,000	0,000	0,000	0,000
CO_2 - HCO_3	-0,049	0,000	0,049	0,000	0,000	0,000	0,000	0,049

Tabla IV.21b. Proporción de mezcla y reacciones químicas del patrón 7, pozo 11704 ($mmol/L$).

Mezcla	R_1	2,1%	R_2	97,9%				
Reacciones químicas	CO_2	Cl^-	HCO_3^-	SO_4^{2-}	$Na^+ + K^+$	Ca^{2+}	Mg^{2+}	Consumo
Delta iónico	0,307	-0,948	4,440	0,183	1,026	0,920	0,476	
Halita (disolución)	0,000	-0,948	0,000	0,000	-0,948	0,000	0,000	-0,948
Dolomita (disolución)	-0,953	0,000	1,906	0,000	0,000	0,476	0,476	0,476
Calcita (disolución)	-0,443	0,000	0,886	0,000	0,000	0,443	0,000	0,443
Albita-caolinita	-1,974	0,000	1,974	0,000	1,974	0,000	0,000	0,987
Sulfato (reducción)	0,000	0,000	-0,366	0,183	0,000	0,000	0,000	-0,183
CO_2 (biogénico)	3,716	0,000	0,000	0,000	0,000	0,000	0,000	3,716
Na-Ca (intercambio)	0,000	0,000	0,000	0,000	0,000	0,000	0,000	0,000
CO_2-HCO_3	-0,039	0,000	0,039	0,000	0,000	0,000	0,000	0,039

Tabla IV.22. Composición química de los patrones del pozo B11-V (meq/L y $\% meq/L$).

Pozo B11-V		CE	CO_2	HCO_3^-	Cl^-	SO_4^{2-}	Ca^{2+}	Mg^{2+}	$Na^+ + K^+$
Patrón # 2		471	0,81	3,87	0,61	0,11	2,48	1,28	1,14
	%			84,30	13,29	2,41	55,04	27,38	24,63
Patrón # 3		473	1,30	3,53	0,94	0,20	2,42	1,40	0,90
	%			75,29	20,25	4,46	52,25	28,56	19,98
Patrón # 4		491	0,68	3,26	1,39	0,11	2,33	0,96	1,48
	%			68,63	29,20	2,17	50,78	17,88	31,33
Patrón # 5		964	1,70	5,26	3,90	0,71	5,18	3,27	1,51
	%			54,22	39,05	6,74	51,76	33,56	15,38
Patrón # 6		1400	2,04	6,43	6,30	1,34	7,49	3,50	3,08
	%			45,89	44,66	9,45	53,49	24,89	21,62

Tabla IV.23a. Proporción de mezcla y reacciones químicas del patrón 2, pozo B11-V ($mmol/L$).

Mezcla	R_1	0,2%	R_2	99,8%				
Reacciones químicas	CO_2	Cl^-	HCO_3^-	SO_4^{2-}	$Na^+ + K^+$	Ca^{2+}	Mg^{2+}	Consumo
Delta iónico	-0,164	-1,803	-0,406	-0,032	-1,169	-0,013	-0,409	
Halita (disolución)	0,000	-1,803	0,000	0,000	-1,803	0,000	0,000	-1,803
Dolomita (disolución)	0,819	0,000	-1,638	0,000	0,000	-0,409	-0,409	-0,409
Calcita (disolución)	-1,537	0,000	3,074	0,000	0,000	1,537	0,000	1,537
Albita-caolinita	1,647	0,000	-1,647	0,000	-1,647	0,000	0,000	-0,824
Sulfato (reducción)	0,000	0,000	0,065	-0,032	0,000	0,000	0,000	0,032
CO_2 (biogénico)	-1,353	0,000	0,000	0,000	0,000	0,000	0,000	-1,353
Na-Ca (intercambio)	0,000	0,000	0,000	0,000	2,281	-1,141	0,000	2,281
CO_2-HCO_3	0,260	0,000	-0,260	0,000	0,000	0,000	0,000	-0,260

Tabla IV.23b. Proporción de mezcla y reacciones químicas del patrón 6, pozo B11-V ($mmol/L$).

Mezcla	R_1	0,7%	R_2	99,3%				
Reacciones químicas	CO_2	Cl^-	HCO_3^-	SO_4^{2-}	$Na^+ + K^+$	Ca^{2+}	Mg^{2+}	Consumo
Delta iónico	0,454	1,204	2,164	0,473	-1,528	2,444	0,451	
Halita (disolución)	0,000	1,204	0,000	0,000	1,204	0,000	0,000	1,204
Dolomita (disolución)	-0,902	0,000	1,804	0,000	0,000	0,451	0,451	0,451
Calcita (disolución)	0,507	0,000	-1,013	0,000	0,000	-0,507	0,000	-0,507
Albita-caolinita	-2,268	0,000	2,268	0,000	2,268	0,000	0,000	1,134
Sulfato (reducción)	0,000	0,000	-0,945	0,473	0,000	0,000	0,000	-0,473
CO_2 (biogénico)	3,168	0,000	0,000	0,000	0,000	0.000	0,000	3,168
Na-Ca (intercambio)	0,000	0,000	0,000	0,000	-5,000	2,500	0,000	-5,000
CO_2-HCO_3	-0,050	0,000	0,050	0,000	0,000	0,000	0,000	0,050

Tabla IV.24. Composición química de los patrones del pozo B1-SM (meq/L y $\%meq/L$).

Pozo B1-SM		CE	CO_2	HCO_3^-	Cl^-	SO_4^{2-}	Ca^{2+}	Mg^{2+}	$Na^+ + K^+$
Patrón #		2630	184,3	0,67	27,02	0,28	9,78	7,58	10,63
	%			2,72	96,18	1,10	34,82	28,17	37,10

Tabla IV.25. Proporción de mezcla y reacciones químicas del patrón 11, pozo B1-SM ($mmol/L$).

Mezcla	R_1	3.6%	R_2	96.4%				
Reacciones químicas	CO_2	Cl^-	HCO_3^-	SO_4^{2-}	$Na^+ + K^+$	Ca^{2+}	Mg^{2+}	Consumo
Delta iónico	-91,600	6,231	-3,543	-0,700	-7,21	3,310	1,031	
Halita (disolución)	0.000	6,231	0,000	0,000	6,231	0,000	0,000	6,231
Dolomita (disolución)	-2,062	0,000	4,123	0,000	0,000	1,031	1,031	1,031
Calcita (disolución)	-50,279	0,000	100,558	0,000	0,000	50,279	0,000	50,279
Albita-caolinita	109,652	0,000	-109,652	0,000	-109,652	0,000	0,000	-54,826
Sulfato (reducción)	0,000	0,000	1,399	-0.700	0,000	0,000	0,000	0,700
CO_2 (biogénico)	34,318	0,000	0,000	0,000	0,000	0,000	0,000	34,318
Na - Ca (intercambio)	0,000	0,000	0,000	0,000	-96,000	48,000	0,000	-96,000
CO_2 - HCO_3	-0,028	0,000	0,028	0,000	0,000	0,000	0,000	0,028

Tabla IV.26. Composición química de los patrones del pozo B10-N (meq/L y %meq/L).

Pozo B10-N		CE	CO_2	HCO_3^-	Cl^-	SO_4^{2-}	Ca^{2+}	Mg^{2+}	$Na^+ + K^+$
Patrón # 9		4733	2,21	7,67	37,67	3,80	6,73	5,80	36,60
	%			15,62	76,77	7,60	13,77	11,74	74,49
Patrón # 10		5409	1,36	5,54	50,84	3,89	8,98	10,02	41,72
	%			9,51	84,25	6,24	14,73	16,31	69,76

Tabla IV.27a. Proporción de mezcla y reacciones químicas del patrón 9, pozo B10-N ($mmol/L$).

Mezcla	R_1	7,0%	R_2	93,0 %				
Reacciones químicas	CO_2	Cl^-	HCO_3^-	SO_4^{2-}	$Na^+ + K^+$	Ca^{2+}	Mg^{2+}	Consumo
Delta iónico	0,575	-1,955	3,522	0,289	2,413	1,450	-1,612	
Halita (disolución)	0,000	-1,955	0,000	0,000	-1.955	0,000	0,000	-1,955
Dolomita (disolución)	3,224	0,000	-6,447	0,000	0,000	-1,612	-1,612	-1,612
Calcita (disolución)	-5,062	0,000	10,123	0,000	0,000	5,062	0,000	5,062
Albita-caolinita	-0,368	0,000	0,368	0,000	0,368	0,000	0,000	0,184
Sulfato (reducción)	0,000	0,000	-0,578	0,289	0,000	0,000	0,000	-0,289
CO_2 (biogénico)	2,838	0,000	0,000	0,000	0,000	0,000	0,000	2,838
Na-Ca (intercambio)	0,000	0,000	0,000	0,000	4,000	-2,000	0,000	4,000
CO_2-HCO_3	-0,056	0,000	0,056	0,000	0,000	0,000	0,000	0,056

Tabla IV.27b. Proporción de mezcla y reacciones químicas del patrón 10, pozo B10-N ($mmol/L$).

Mezcla	R_1	8,9%	R_2	91,1%				
Reacciones químicas	CO_2	Cl^-	HCO_3^-	SO_4^{2-}	$Na^+ + K^+$	Ca^{2+}	Mg^{2+}	Consumo
Delta iónico	0,161	1,026	1,427	-0,083	-1,195	2,393	-0.450	
Halita (disolución)	0,000	1,026	0,000	0,000	1,026	0,000	0,000	1,026
Dolomita (disolución)	0,000	0,000	-1,799	0,000	0,000	-0,450	-0.450	-0,450
Calcita (disolución)	1,282	0,000	2,564	0,000	0,000	-1,282	0,000	-1,282
Albita-caolinita	-6,029	0,000	6,029	0,000	6,029	0,000	0,000	3,014
Sulfato (reducción)	0,000	0,000	0,165	-0,083	0,000	0,000	0,000	0,083
CO_2 (biogénico)	3,604	0,000	0,000	0,000	0,000	0,000	0,000	3,604
Na-Ca (intercambio)	0,000	0,000	0,000	0,000	-8,250	4,125	0,000	-8,250
CO_2-HCO_3	0,404	0,000	-0,404	0,000	0,000	0,000	0,000	-0,404

Tabla IV.28. Composición química del patrón del pozo B8-N (meq/L y $\%meq/L$).

Pozo B8-N		CE	CO_2	HCO_3^-	Cl^-	SO_4^{2-}	Ca^{2+}	Mg^{2+}	$Na^+ + K^+$
Patrón # 7		1463	2,18	6,05	10,38	1,00	4,20	5,40	8,31
	%			34,71	59,34	5,95	23,99	30,88	48,08
Patrón # 8		2246	1,45	5,87	14,49	1,98	5,19	4,99	12,23
	%			23,36	64,85	8,80	23,61	22,22	54,49
Patrón # 9		2083	0,42	3,37	14,58	2,15	4,47	4,30	11,92
	%			16,66	72,73	10,60	22,18	21,26	59,56
Patrón # 10		1893	0,12	1,95	16,80	2,67	5,55	5,28	10,81
	%			8,65	76,95	14,40	26,40	20,58	53,78

Tabla IV.29a. Proporción de mezcla y reacciones químicas del patrón 7, pozo B8-N ($mmol/L$).

Mezcla	R_1	1,6%	R_2	98,4%				
Reacciones químicas	CO_2	Cl^-	HCO_3^-	SO_4^{2-}	$Na^+ + K^+$	Ca^{2+}	Mg^{2+}	Consumo
Delta iónico	0,529	0,347	1,800	0,101	-0,527	0,712	0,942	
Halita (disolución)	0,000	0,347	0,000	0,000	0,347	0,000	0,000	0,347
Dolomita (disolución)	-1,883	0,000	3,766	0,000	0,000	0,942	0,942	0,942
Calcita (disolución)	3,730	0,000	-7,460	0,000	0,000	-3,730	0,000	-3,730
Albita-caolinita	-6,126	0,000	6,126	0,000	6,126	0,000	0,000	3,063
Sulfato (reducción)	0,000	0,000	-0,201	0,101	0,000	0,000	0,000	-0,101
CO_2 (biogénico)	4,378	0,000	0,000	0,000	0,000	0,000	0,000	4,378
Na-Ca (intercambio)	0,000	0,000	0,000	0,000	-7,000	3,500	0,000	-7,000
CO_2-HCO_3	0,431	0,000	-0,431	0,000	0,000	0,000	0,000	-0,431

Tabla IV.29b. Proporción de mezcla y reacciones químicas del patrón 10, pozo B8-N ($mmol/L$).

Mezcla	R$_1$	2,5%	R$_2$	97,5%				
Reacciones químicas	CO_2	Cl^-	HCO_3^-	SO_4^{2-}	$Na^+ + K^+$	Ca^{2+}	Mg^{2+}	Consumo
Delta iónico	-0,496	1,836	-2,283	0,734	-2,251	1,299	0,423	
Halita (disolución)	0,000	1,836	0,000	0,000	1,836	0,000	0,000	1,836
Dolomita (disolución)	-0,846	0,000	1,691	0,000	0,000	0,423	0,423	0,423
Calcita (disolución)	-0,876	0,000	1,752	0,000	0,000	0,876	0,000	0,876
Albita-caolinita	4.087	0,000	-4,087	0,000	-4,087	0,000	0,000	-2,043
Sulfato (reducción)	0,000	0,000	-1,468	0,734	0,000	0,000	0,000	-0,734
CO_2 (biogénico)	-3,032	0,000	0,000	0,000	0,000	0,000	0,000	-3,032
Na-Ca (intercambio)	0,000	0,000	0,000	0,000	0,000	0,000	0,000	0,000
CO_2-HCO_3	0,171	0,000	-0,171	0,000	0,000	0,000	0,000	-0,171

Tabla IV.30. Composición química de los patrones del pozo B6-N (meq/L y $\%meq/L$).

Pozo B6-N		CE	CO_2	HCO_3^-	Cl^-	SO_4^{2-}	Ca^{2+}	Mg^{2+}	$Na^+ + K^+$
Patrón # 7		1770	1,77	6,04	10,26	1,44	4,44	4,51	8,84
	%			34,06	57,88	8,06	24,99	25,45	49,84
Patrón # 8		1810	1,06	4,95	11,44	1,36	4,16	4,82	9,05
	%			27,83	64,47	7,70	23,64	27,23	50,84

Tabla IV.31a. Proporción de mezcla y reacciones químicas del patrón 7, pozo B6-N ($mmol/L$).

Mezcla	R_1	1,7%	R_2	98,3%				
Reacciones químicas	CO_2	Cl^-	HCO_3^-	SO_4^{2-}	$Na^+ + K^+$	Ca^{2+}	Mg^{2+}	Consumo
Delta iónico	0,324	0,053	1,791	0,314	-0,146	0,828	0,480	
Halita (disolución)	0,000	0,053	0,000	0,000	0,053	0,000	0,000	0,053
Dolomita (disolución)	-0,961	0,000	1,922	0,000	0,000	0,480	0,480	0,480
Calcita (disolución)	0,902	0,000	-1,804	0,000	0,000	-0,902	0,000	-0,902
Albita-caolinita	-2,301	0,000	2,301	0,000	2,301	0,000	0,000	1,151
Sulfato (reducción)	0,000	0,000	-0,627	0,314	0,000	0,000	0,000	0,314
CO_2 (biogénico)	2,684	0,000	0,000	0,000	0,000	0,000	0,000	2,684
Na-Ca (intercambio)	0,000	0,000	0,000	0,000	-2,500	1,250	0,000	-2,500
CO_2-HCO_3	0,001	0,000	-0,001	0,000	0,000	0,000	0,000	-0,001

Tabla IV.31b. Proporción de mezcla y reacciones químicas del patrón 8, pozo B6-N ($mmol/L$).

Mezcla	R_1	1,8%	R_2	98,2%				
Reacciones químicas	CO_2	Cl^-	HCO_3^-	SO_4^{2-}	$Na^+ + K^+$	Ca^{2+}	Mg^{2+}	Consumo
Delta iónico	-0,030	0,447	0,704	0,241	-0,609	0,674	0,562	
Halita (disolución)	0,000	0,447	0,000	0,000	0.447	0,000	0,000	0,447
Dolomita (disolución)	-1,125	0,000	2,249	0,000	0,000	0,562	0,562	0,562
Calcita (disolución)	3,169	0,000	-6,338	0,000	0,000	-3,169	0,000	-3,169
Albita-caolinita	-5,506	0,000	5,506	0,000	5,506	0,000	0,000	2,753
Sulfato (reducción)	0,000	0,000	-0,483	0,241	0,000	0,000	0,000	-0,241
CO_2 (biogénico)	3,201	0,000	0,000	0,000	0,000	0,000	0,000	3,201
Na - Ca (intercambio)	0,000	0,000	0,000	0,000	-6,562	3,281	0,000	-6,562
CO_2 - HCO_3	0,231	0,000	-0,231	0,000	0,000	0,000	0,000	-0,231

Tabla IV.32. Composición química de los patrones del pozo B7-N (meq/L y %meq/L).

Pozo B7-N		CE	CO_2	HCO_3^-	Cl^-	SO_4^{2-}	Ca^{2+}	Mg^{2+}	$Na^+ + K^+$
Patrón # 5		1032	1,65	6,29	4,27	1,28	5,56	1,15	5,26
	%			53,16	36,02	10,82	46,83	9,81	44,51
Patrón # 6		1265	1,18	5,48	5,92	1,14	5.19	1,61	6,12
	%			44,00	46,77	9,23	42,71	12,18	48,38
Patrón # 7		1214	0,65	4,45	6,61	1,28	4,28	2,24	5,86
	%			35,79	53,61	10,60	34,17	18,21	48,00
Patrón # 8		1283	1,18	3,78	8,91	1,25	4,15	2,50	7,28
	%			27,26	63,73	9,00	30,23	18,10	51,67

Tabla IV.33a. Proporción de mezcla y reacciones químicas del patrón 6, pozo B7-N ($mmol/L$).

Mezcla	R_1	0,1%	R_2	99,9%				
Reacciones químicas	CO_2	Cl^-	HCO_3^-	SO_4^{2-}	$Na^+ + K^+$	Ca^{2+}	Mg^{2+}	Consumo
Delta iónico	0,025	-0,419	1,218	0,322	0,448	1,272	-0,610	
Halita (disolución)	0,000	-0,419	0,000	0,000	-0,419	0,000	0,000	-0,419
Dolomita (disolución)	1,219	0,000	-2,439	0,000	0,000	-0,610	-0,610	-0,610
Calcita (disolución)	-0,132	0,000	0,264	0,000	0,000	0,132	0,000	0,132
Albita-caolinita	-4,367	0,000	4,367	0,000	4,367	0,000	0,000	2,183
Sulfato (reducción)	0,000	0,000	-0,644	0,322	0,000	0,000	0,000	-0,322
CO_2 (biogénico)	2,974	0,000	0,000	0,000	0,000	0,000	0,000	2,974
Na-Ca (intercambio)	0,000	0,000	0,000	0,000	-3,500	1,750	0,000	-3,500
CO_2-HCO_3	0,330	0,000	-0,330	0,000	0,000	0,000	0,000	-0,330

Tabla IV.33b. Proporción de mezcla y reacciones químicas del patrón 8, pozo B7-N ($mmol/L$).

Mezcla	R_1	1,4%	R_2	98,6%				
Reacciones químicas	CO_2	Cl^-	HCO_3^-	SO_4^{2-}	$Na^+ + K^+$	Ca^{2+}	Mg^{2+}	Consumo
Delta iónico	0,028	0,299	-0,474	0,284	-0,338	0,712	-0,376	
Halita (disolución)	0,000	0,299	0,000	0,000	0,299	0,000	0,000	0,299
Dolomita (disolución)	0,752	0,000	-1,504	0,000	0,000	-0,376	-0,376	-0,376
Calcita (disolución)	-0,963	0,000	1,926	0,000	0,000	0,963	0,000	0,963
Albita-caolinita	0,388	0,000	-0,388	0,000	-0,388	0,000	0,000	-0,194
Sulfato (reducción)	0,000	0,000	-0,568	0,284	0,000	0,000	0,000	-0,284
CO_2 (biogénico)	-0,090	0,000	0,000	0,000	0,000	0,000	0,000	-0,090
Na-Ca (intercambio)	0,000	0,000	0,000	0,000	-0,250	0,125	0,000	-0,250
CO_2-HCO_3	-0,059	0,000	0,059	0,000	0,000	0,000	0,000	0,059

Tabla IV.34. Composición química de los patrones del pozo 611 (meq/L y $\%meq/L$).

Pozo 611		CE	CO_2	HCO_3^-	Cl^-	SO_4^{2-}	Ca^{2+}	Mg^{2+}	$Na^+ + K^+$
Patrón # 3		643	1.96	4,49	1,00	0,52	3,79	1,06	1,23
	%			74,64	17,08	8,28	63,98	16,50	20,48
Patrón # 4		600	1.19	4,03	1,63	0,50	3,47	1,33	1,37
	%			65,50	25,42	9,08	55,20	22,48	22,32
Patrón # 5		1003	1,91	5.73	3,96	0,89	4,96	2,52	3,10
	%			54,93	37,00	8,07	47,24	24,50	28,26
Patrón # 6		1097	2,25	4,98	5,65	0.80	5,20	3,10	3,14
	%			43,70	49,14	7,15	47,33	25,60	27,07
Patrón # 7		1629	3,75	6,43	8,25	0,71	7,93	3,10	4,36
	%			41,78	53,70	4,51	51,37	20,38	28,25
Patrón # 8		1843	1,93	5,25	11,93	1,51	7,90	4,22	6,56
	%			24,95	64,25	7,80	41,93	25,55	35,52

Tabla IV.35a. Proporción de mezcla y reacciones químicas del patrón 8, pozo 611 ($mmol/L$).

Mezcla	R_1	1,6%	R_2	98,4%				
Reacciones químicas	CO_2	Cl^-	HCO_3^-	SO_4^{2-}	$Na^+ + K^+$	Ca^{2+}	Mg^{2+}	Consumo
Delta iónico	0,404	1,874	1,001	0,355	-2,296	2,561	0,350	
Halita (disolución)	0,000	1,874	0,000	0,000	1,874	0,000	0,000	1,874
Dolomita (disolución)	-0,699	0,000	1,398	0,000	0,000	0,350	0,350	0,350
Calcita (disolución)	6,288	0,000	-12,577	0,000	0,000	-6,288	0,000	-6,288
Albita-caolinita	-12,830	0,000	12,830	0,000	12,830	0,000	0,000	6,415
Sulfato (reducción)	0,000	0,000	-0,709	0,355	0,000	0,000	0,000	-0,355
CO_2 (biogénico)	7,704	0,000	0,000	0,000	0,000	0,000	0,000	7,704
Na-Ca (intercambio)	0,000	0,000	0,000	0,000	-17,000	8,500	0,000	-17,000
CO_2-HCO_3	-0,059	0,000	0,059	0,000	0,000	0,000	0,000	0,059

Tabla IV.35b. Proporción de mezcla y reacciones químicas del patrón 3, pozo 611 ($mmol/L$).

Mezcla	R_1	0%	R_2	100%				
Reacciones químicas	CO_2	Cl^-	HCO_3^-	SO_4^{2-}	$Na^+ + K^+$	Ca^{2+}	Mg^{2+}	Consumo
Delta iónico	0,410	-0,182	0,210	0,223	-0,024	0,664	-0,405	
Halita (disolución)	0,000	-0,182	0,000	0,000	-0,182	0,000	0,000	-0,182
Dolomita (disolución)	0,810	0,000	-1,619	0,000	0,000	-0,405	-0,405	-0,405
Calcita (disolución)	-0,319	0,000	0,638	0,000	0,000	0,319	0,000	0,319
Albita-caolinita	-1,657	0,000	1,657	0,000	1,657	0,000	0,000	0,829
Sulfato (reducción)	0,000	0,000	-0,446	0,223	0,000	0,000	0,000	-0,223
CO_2 (biogénico)	1,557	0,000	0,000	0,000	0,000	0,000	0,000	1,557
$Na-Ca$ (intercambio)	0,000	0,000	0,000	0,000	-1,500	0,750	0,000	-1,500
CO_2-HCO_3	0,020	0,000	-0,020	0,000	0,000	0,000	0,000	-0,020

Tabla IV.36. Composición química de los patrones del pozo B3-N (meq/L y %meq/L).

Pozo B3-N		CE	CO_2	HCO_3^-	Cl^-	SO_4^{2-}	Ca^{2+}	Mg^{2+}	$Na^+ + K^+$
Patrón # 3		545	0,10	3,88	1,05	0,10	2,92	1,43	0,91
	%			77,25	20,67	2,08	58,37	27,89	18,20
Patrón # 4		631	0,89	3,59	1,81	0,38	3,07	1,61	1,32
	%			61,90	31,19	6,91	53,81	28,70	22,02
Patrón # 5		747	0,82	4,04	2,87	0,51	3,58	1,77	2,40
	%			54,50	38,52	6,98	49,99	24,21	31,07
Patrón # 6		1113	0,86	4,89	5,16	0,81	4,00	2,98	4,09
	%			45,13	47,17	7,70	36,81	28,57	36,80
Patrón # 7		1677	2,12	5,85	9,10	1,59	7,03	3,95	5,56
	%			35,46	55,02	9,52	42,98	23,50	33,52
Patrón # 8		1829	1,13	5,10	10,35	1,96	5,50	6,60	5,31
	%			29,42	59,67	10,91	32,02	38,39	29,59

Tabla IV.37a. Proporción de mezcla y reacciones químicas del patrón 8, pozo B3-N ($mmol/L$).

Mezcla	R_1	1,4%	R_2	98,6%				
Reacciones químicas	CO_2	Cl^-	HCO_3^-	SO_4^{2-}	$Na^+ + K^+$	Ca^{2+}	Mg^{2+}	Consumo
Delta iónico	0,030	1,757	0,846	0,640	-2,293	1,387	1,676	
Halita (disolución)	0,000	1,757	0,000	0,000	1,757	0,000	0,000	1,757
Dolomita (disolución)	-3,351	0,000	6,702	0,000	0,000	1,676	1,676	1,676
Calcita (disolución)	2,788	0,000	-5,577	0,000	0,000	-2,788	0,000	-2,788
Albita-caolinita	-0,950	0,000	0,950	0,000	0,950	0,000	0,000	0,475
Sulfato (reducción)	0,000	0,000	-1,279	0,640	0,000	0,000	0,000	-0,640
CO_2 (biogénico)	1,565	0,000	0,000	0,000	0,000	0,000	0,000	1,565
Na-Ca (intercambio)	0,000	0,000	0,000	0,000	-5,000	2,500	0,000	-5,000
CO_2-HCO_3	-0,049	0,000	0,049	0,000	0,000	0,000	0,000	0,049

Tabla IV.37b. Proporción de mezcla y reacciones químicas del patrón 4, pozo B3-N ($mmol/L$).

Mezcla	R_1	0.1%	R_2	99.9%				
Reacciones químicas	CO_2	Cl^-	HCO_3^-	SO_4^{2-}	$Na^+ + K^+$	Ca^{2+}	Mg^{2+}	Consumo
Delta iónico	-0,124	0,226	-0,688	0,136	-0,279	0,279	-0,167	
Halita (disolución)	0,000	0,226	0,000	0,000	0,226	0,000	0,000	0,226
Dolomita (disolución)	0,334	0,000	-0,669	0,000	0,000	-0,167	-0.167	-0,167
Calcita (disolución)	0,036	0,000	-0,072	0,000	0,000	-0,036	0,000	-0,036
Albita-caolinita	-0,495	0,000	0,495	0,000	0,495	0,000	0,000	0,248
Sulfato (reducción)	0,000	0,000	0,273	0,136	0,000	0,000	0,000	0,136
CO_2 (biogénico)	-0,170	0,000	0,000	0,000	0,000	0,000	0,000	-0,170
Na - Ca (intercambio)	0,000	0,000	0,000	0,000	-1,000	0,500	0,000	-1,000
CO_2 - HCO_3	0,170	0,000	-0,170	0,000	0,000	0,000	0,000	-0,170

Tabla IV.38. Composición química de los patrones del pozo B4-N (meq/L y $\% meq/L$).

Pozo B4-N		CE	CO_2	HCO_3^-	Cl^-	SO_4^{2-}	Ca^{2+}	Mg^{2+}	$Na^+ + K^+$
Patrón # 3		505	1,23	3,75	1,01	0,28	2,68	1,37	1,26
	%			75,32	19,96	4,72	54,30	27,12	23,71
Patrón # 4		676	1,19	4,01	1,77	0,40	3,38	1,59	1,31
	%			65,15	28,73	6,13	56,27	4,20	21,22
Patrón # 5		684	0,38	3,51	2,29	0,36	2,95	3,06	1,18
	%			56,79	37,29	5,93	49,66	32,51	18,56

Tabla IV.39a. Proporción de mezcla y reacciones químicas del patrón 5, pozo B4-N ($mmol/L$).

Mezcla	R_1	0,2%	R_2	99,8%				
Reacciones químicas	CO_2	Cl^-	HCO_3^-	SO_4^{2-}	$Na^+ + K^+$	Ca^{2+}	Mg^{2+}	Consumo
Delta iónico	-0,379	-0,056	-0,766	0,095	-1,072	0,223	0,487	
Halita (disolución)	0,000	-0,056	0,000	0,000	-0,056	0,000	0,000	-0,056
Dolomita (disolución)	-0,974	0,000	1,947	0,000	0,000	0,487	0,487	0,487
Calcita (disolución)	0,764	0,000	1,527	0,000	0,000	0,764	0,000	0,764
Albita-caolinita	0,016	0,000	-0,016	0,000	-0,016	0,000	0,000	-0,008
Sulfato (reducción)	0,000	0,000	-0,190	0,095	0,000	0,000	0,000	-0,095
CO_2 (biogénico)	-1,164	0,000	0,000	0,000	0,000	0,000	0,000	-1,164
Na-Ca (intercambio)	0,000	0,000	0,000	0,000	-1,000	0,500	0,000	-1,000
CO_2-HCO_3	0,980	0,000	-0,980	0,000	0,000	0,000	0,000	-0,980

Tabla IV.39b. Proporción de mezcla y reacciones químicas del patrón 3, pozo B4-N ($mmol/L$).

Mezcla	R1	0%	R2	100%				
Reacciones químicas	CO_2	Cl^-	HCO_3^-	SO_4^{2-}	$Na^+ + K^+$	Ca^{2+}	Mg^{2+}	Consumo
Delta iónico	0,045	-0,189	-0.530	0,102	-0,009	0,109	-0,251	
Halita (disolución)	0,000	-0,189	0,000	0,000	-0,189	0,000	0,000	-0,189
Dolomita (disolución)	0,503	0,000	-1.006	0,000	0,000	-0,251	-0,251	-0,251
Calcita (disolución)	-0,988	0,000	1,976	0,000	0,000	0,988	0,000	0,988
Albita-caolinita	1,076	0,000	-1.076	0,000	-1,076	0,000	0,000	-0,538
Sulfato (reducción)	0,000	0,000	-0.204	0,102	0,000	0,000	0,000	-0,102
CO_2 (biogénico)	-0,766	0,000	0,000	0,000	0,000	0,000	0,000	-0,766
Na - Ca (intercambio)	0,000	0,000	0,000	0,000	1,256	-0,628	0,000	1,256
CO_2 - HCO_3	0,220	0,000	-0,220	0,000	0,000	0,000	0,000	-0,220

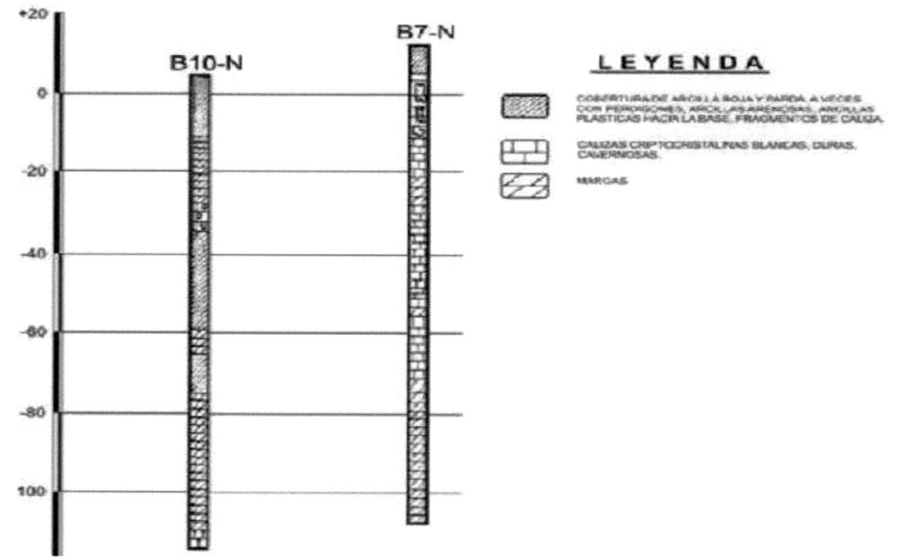

Figura IV. 4. Columnas litológicas de los pozos B10-N y B7-N

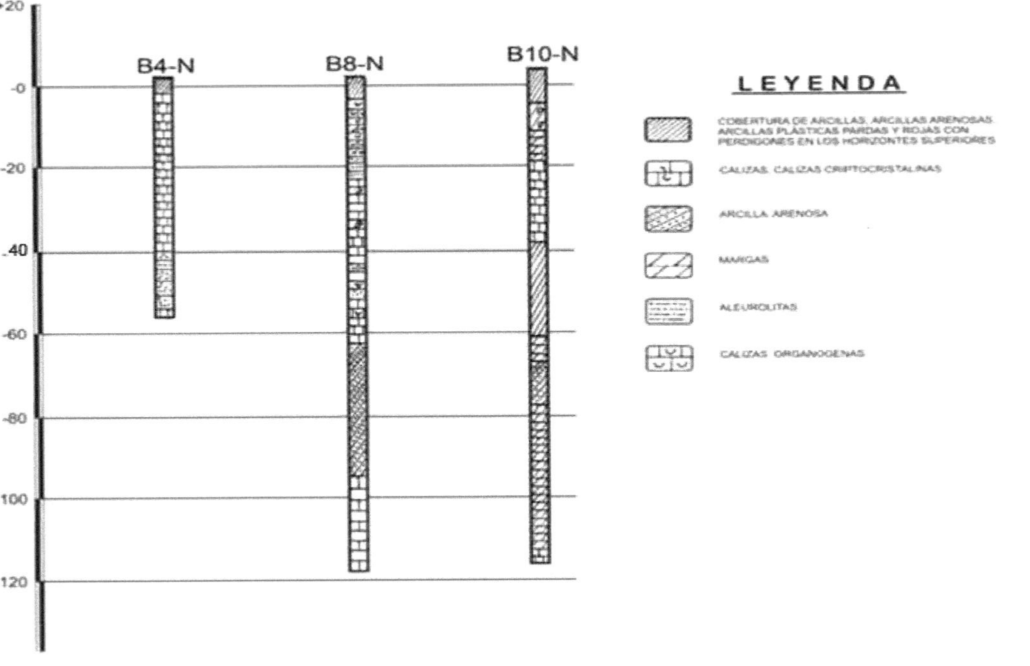

Figura IV. 5. Columnas litológicas de los pozos B4-N, B8-N y B10-N

Tabla IV.40. Nivel hidrostático reportado (en m) y proporción de agua de mar en los pozos B10-N y B7-N (en %).

Profundidad	Pozo B10-N		Pozo B7-N	
	1990	1995	1990	1995
	NE=2,38	NE=2,50	NE=8,60	NE=7,95
Superficial	5,8	7,2	1,3	0,5
50 m	18,1	15,8	19,8	25,5

Tabla IV.41. Nivel hidrostático reportado (en m) y proporción de agua de mar en los pozos B4-N, B8-N y B10-N (en %).

Profundidad	Pozo B4-N		Pozo B8-N		Pozo B10-N	
	1990	1995	1990	1995	1990	1995
	NE=2,26	NE=2,12	NE=1,20	NE=1,16	NE=2,38	NE=2,50
Superficial	0,2	0,1	3,4	2,3	5,8	7,2
20 m			11,2	10,0		
50 m	0,3	0,2	31,2	26,7	18,1	15,8

Printed by Books on Demand GmbH, Norderstedt / Germany